RÉVISION

DES ESPÈCES INDO-ARCHIPÉLAGIQUES DU GROUPE DES

EPINEPHELINI

ET DE QUELQUES GENRES VOISINS.

PAR

P. BLEEKER.

Publiée par l'Académie Royale Néerlandaise des Sciences.

AMSTERDAM,
CHEZ C. G. VAN DER POST.
1873.

RÉVISION

DES ESPÈCES INDO-ARCHIPÉLAGIQUES DU GROUPE DES

EPINEPHELINI

ET DE QUELQUES GENRES VOISINS.

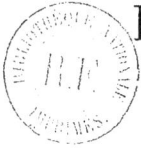

PAR

P. BLEEKER.

Publiée par l'Académie Royale Néerlandaise des Sciences.

AMSTERDAM,
CHEZ C. G. VAN DER POST.
1873.

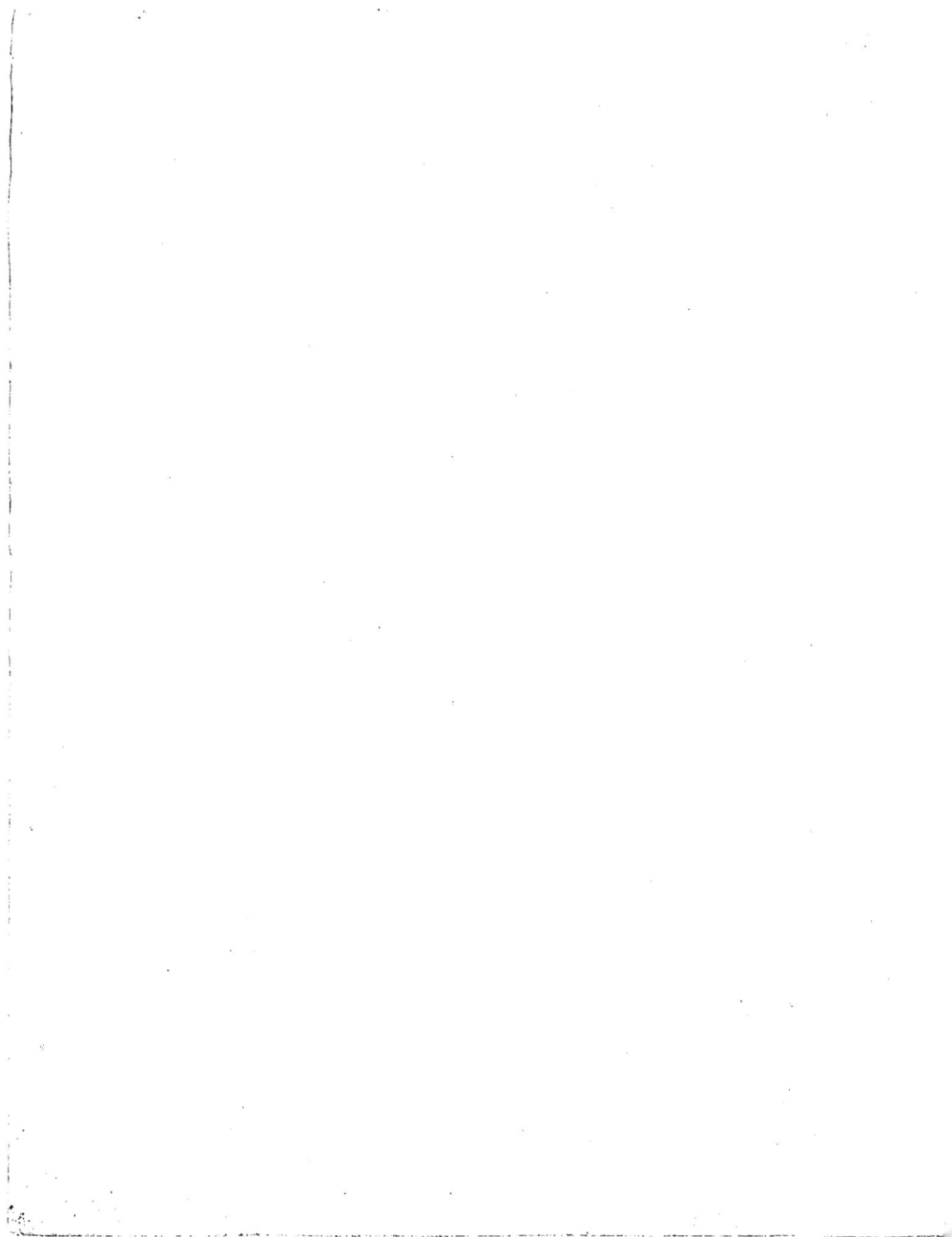

RÉVISION

DES ESPÈCES INDO-ARCHIPELAGIQUES DU GROUPE DES

EPINEPHELINI

ET DE QUELQUES GENRES VOISINS.

PAR

P. BLEEKER.

EPINEPHELINI.

Percoidei corpore oblongo squamis parvis vel mediocribus vulgo ctenoideis vestito; capite superne cristis denticulatis nullis; ossibus suborbitalibus edentulis; spinis radiisque pinnarum laevibus; osse supramaxillari squamis majoribus regulariter imbricatis nullis; rictu magno obliquo; maxillis ossibusque pharyngealibus dentibus pluriseriatis acutis; dentibus lingualibus nullis; maxilla inferiore maxilla superiore non breviore; operculo spinis veris 3 ad 1; dorsali indivisa parte spinosa bene evoluta parte radiosa non breviore spinis a se invicem distantibus 6 ad 14 et radiis 12 ad 20; pectoralibus rotundatis radiis fissis mediis ceteris longioribus; ventralibus basi squamis elongatis nullis; anali spinis 3 et radiis 7 ad 12; caudali radiis divisis 15; membrana branchiostega radiis 7. Ossa pharyngealia inferiora non coalita.

Rem. Les Epinephelini se distinguent des groupes voisins (Anthianini, Priacanthini, Polypriontini, Myriodontini, Diplopriontini et Grammisteini) par la

12

combination des caractères d'une mâchoire supérieure sans écailles régulière-
ment imbriquées, d'épines et de rayons lisses, d'une tête sans crêtes dente-
lées, d'os pharyngiens inférieurs libres non soudés ensemble, d'une dorsale
indivisée à partie épineuse bien développée et de pectorales arrondies à rayons
divisés dont les médians sont toujours plus longs que les autres.

On connaît actuellement environ 240 espèces d'Epinephelini et pas moins
de 53 de ces espèces habitent l'Inde archipélagique. J'en possède moi-même
une cinquantaine d'insulindiennes, la plupart appartenant au genre Epinephelus.
Neuf de ces espèces seulement sont des représentants d'autres types, 2
étant des Variola, 3 des Paracanthistius et 2 des Anyperodon, tandis que les
genres Cromileptes et Paraserranus n'y sont connus chacun que par une seule
espèce.

Les caractères des genres indo-archipélagiques se résument brièvement
comme suit *.

---

* Les caractères différentiels des genres d'Epinephelini dont il ne se trouve point de représentants dans l'Inde archipélagique se résument en peu de mots.

Siniperca Gill. — Dessus de la tête, joues et mâchoires sans écailles. Préopercule à épines dirigées en bas. 12 épines dorsales. Point de dents canines. Ecailles petites. Caudale convexe.
Esp. typ. *Siniperca chuatsi* Gill.

Serranus Cuv. = Diplectrum Holbr. = Haliperca Gill. — Front, museau et mâchoires sans écailles. Préopercule sans épines dirigées en bas. 10 Epines dorsales. Dorsale et anale squammeuses. Mâchoire inférieure à dents canines antérieures et latérales. Esp. typ. *Serranus scriba*
et *cabrilla* Cuv.

Centropristes Cuv. = Mentiperca, Triloburus Gill. — Front et museau sans écailles. Préopercule
sans épines dirigées en bas. 10 Epines dorsales. Point de canines. Ecailles médiocres. Esp.
typ. *Centropristes nigricans* CV.

Prionodes Jen. — Dents vomériennes et palatines nulles. 10 Epines dorsales. Mâchoire inférieure
à canines antérieures et latérales. Ecailles médiocres. Caudale tronquée. Esp. typ. *Prionodes
fasciatus* Jen.

Dules Cuv. (spec. typica nec ceter.) — Vertex, front et museau sans écailles. Préopercule sans
épines dirigées en bas. 10 Epines dorsales. Canines nulles. Ecailles médiocres ciliées. Caudale
tronquée. Esp. typ. *Dules auriga* CV.

Acanthistius Gill. — Front squammeux. Mâchoire inférieure sans écailles. Préopercule à épines
dirigées en bas. Corps élevé. 13 Epines dorsales. Mâchoire inférieure sans dents canines latérales. Ecailles petites. Caudale tronquée ou échancrée. Esp. typ. *Plectropoma serratum* CV.

Hypoplectrus Gill = Hypoplectrodes Gill = Gonioplectrus Gill. — Front et museau sans écailles.
Préopercule à épine ou épines dirigées en bas. 8 à 10 épines dorsales. Mâchoire inférieure
à canines antérieures et latérales. Ecailles médiocres. Esp. typ. *Plectropoma puella* CV.

Trachypoma Günth. — Front et museau sans écailles. Préopercule à épines dirigées en bas. Canines

I. Nageoire dorsale peu ou point échancrée. Joues et pièces operculaires squammeuses. Caudale à 15 rayons divisés.

A. Front, museau et os sousorbitaire sans écailles. Mâchoires à dents canines, l'inférieure à canines antérieures et latérales.

Paraserranus Blkr — Mâchoire inférieure sans écailles, à dents des
rangées internes non mobiles. Préopercule à épines dirigées en arrière. Dorsale et anale sans écailles, la dorsale à 10 épines. Ecailles
ciliées, médiocres.

Variola Swns. — Mâchoire inférieure sans écailles, à dents des rangées
internes mobiles. Préopercule à dentelure faible, sans épines. Dorsale
et anale squammeuses, la dorsale à 9 épines. Ecailles ciliées fort
petites.

Paracanthistius Gill. — Mâchoire inférieure squammeuse, à dents des
rangées internes mobiles. Bord inférieur du préopercule à épines
dirigées en avant. Dorsale et anale à base squammeuse, la dorsale à 6 jusqu'à 13 épines. Ecailles ciliées dans le jeune âge, fort
petites.

B. Front et mâchoire inférieure squammeuses. Mâchoires à dents des rangées internes mobiles, l'inférieure sans canines latérales. Dorsale et
anale squammeuses. Ecailles petites.

Epinephelus Bl. — Dents vomériennes et palatines. Canines intermaxillaires. 9 ou 11 Épines dorsales. Ecailles ciliées ou lisses.

---

nulles. 12 Epines dorsales. Ecailles médiocres. Caudale convexe. Esp. typ. *Trachypoma
macracanthus* Günth.

Aulacocephalus Schl. — Front et museau sans écailles. Préopercule sans épines dirigées en bas.
Point de canines. 9 Epines dorsales. Ecailles petites. Caudale arrondie. Esp. typ. *Aulacocephalus Temmincki* Blkr.

Uriphaeton Swns. = Phaetonichthys Blkr. — Front squammeux. Préopercule sans épines dirigées
en bas. Mâchoires à canines antérieures seulement. 9 Epines dorsales. Caudale à lobes pointus
et à rayons médians prolongés en soie. Esp. typ. *Serranus phaeton* CV.

Gonioperca Gill. — Front et mâchoire inférieure squammeuses. Préopercule sans épines dirigées
en bas. Canines nulles. 10 Epines dorsales, la 3e plus du double plus longue que la postérieure ou que la pénultième. Ecailles petites et ciliées. Caudale tronquée ou échancrée. Esp.
typ. *Serranus albomaculatus* Jen.

Parepinephelus Blkr. — Front et mâchoire inférieure squammeuses. Préopercule sans épines dirigées en bas. 12 Epines dorsales. Canines nulles. Ecailles petites. Caudale tronquée ou échancrée. Esp. typ. *Serranus acutirostris* Val.

12*

Cromileptes Swns. — Dents vomériennes et palatines. Mâchoires sans
canines. 10 ou 11 Épines dorsales. Dorsale haute. Profil concave.
Ecailles non ciliées.
Anyperodon Günth. — Point de dents palatines. Canines inframaxillai-
res nulles. 11 Épines dorsales. Ecailles ciliées.

La liste suivante énumère toutes les espèces insulindiennes connues. Les
synonymes ajoutés sont les noms spécifiques sous lesquels elles ont été indi-
quées comme habitants de l'Inde archipélagique. Le catalogue indique que
bon nombre d'espèces des auteurs ne sont que des doubles emplois. D'autres
espèces encore y ont été réduites à leur véritable valeur. Sans la réduction
que j'en ai faite le nombre des espèces indo-archipélagiques irait à plus de
70. Je ne doute de la justesse de mes rapprochements, que par rapport à
deux ou trois espèces seulement, dont les descriptions trop succinctes et trop
superficielles ne permettent point une détermination rigoureuse.

1. Paraserranus Hasseltii Blkr = Paraserranus Hasseltii Blkr.
2. Variola flavimarginata Blkr = Serranus melanotaenia Blkr.
3. » louti Blkr = Serranus punctulatus CV., Blkr = Serranus louti Günth.
4. Paracanthistius leopardinus Blkr = Plectropoma cyanostigma Blkr = Plectro-
    poma maculatum var. *b* Blkr = Plectropoma leopardinum (CV.)
    Blkr = Acanthistius leopardinus Blkr.
5. » maculatus Blkr = Plectropoma maculatum (CV.) Blkr, var *a*
    Blkr = Acanthistius maculatus Blkr.
6. » oligacanthus Blkr = Plectropoma oligacanthus Blkr = Acanthis-
    tius oligacanthus Blkr.
7. Anyperodon leucogrammicus Günth. = Serranus leucogrammicus Rwdt,
    CV., Blkr.
8. » urophthalmus Blkr = Serranus urophthalmus Blkr.
9. Cromileptes altivelis Swns. = Serranus altivelis K. V. H., CV., Cant., Blkr.
10. Epinephelus nigripinnis Blkr = Serranus nigripinnis (GV.)? Blkr.
11. » janthinopterus Blkr = Epinephelus janthinopterus Blkr.
12. » aurantius Blkr = Serranus aurantius (CV.)? Blkr.
13. » miltostigma Blkr = Epinephelus miltostigma Blkr.
14. » analis Blkr = Epinephelus analis Blkr.

15. Epinephelus boelang Blkr = Serranus boelang, boenack CV., Günth. = Serranus boenack (CV.)? Blkr = Serranus zananella (CV.) Blkr.
16.   »   microprion Blkr = Serranus microprion Blkr, Günth.
17.   »   urodelus Blkr = Serranus urodelus (CV.) Blkr, Günth.
18.   »   miniatus Blkr = Serranus guttatus CV. (specim. ex ins. Waigiu) = Serranus cyanostigmatoides Blkr, Günth.
19.   »   cyanostigma Blkr = Serranus cyanostigma K.V.H.,CV.,Blkr,Günth.
20.   »   argus Blkr = Serranus myriaster (CV.) Blkr = Serranus guttatus (Peters) Günth.
21.   »   formosus Blkr = Serranus formosus (CV.) Blkr, Kner.
22.   »   leopardus Blkr = Serranus spilurus (CV.)? Blkr = Serranus zananana Günth. = Epinephelus zanana Blkr.
23.   »   Hoedti Blkr = Serranus Hoedti Blkr.
24.   »   undulosus Blkr = Serranus undulosus QG. = Serranus et Epinephelus amboinensis Blkr.
25.   »   amblycephalus Blkr = Serranus amblycephalus Blkr.
26.   »   Waandersii Blkr = Serranus Waandersii Blkr.
27.   »   celebicus Blkr = Serranus celebicus Blkr, Günth.
28.   »   variolosus Blkr = Serranus variolosus (CV.) Blkr.
29.   »   lanceolatus Blkr = Serranus lanceolatus (CV.) Blkr, Cant. = Serranus horridus Cant.
30.   »   maculatus Blkr = Serranus Quoyanus, Gaimardi, miliaris CV. = Serranus Gaimardi CV.?, Sebae et maculatus Blkr = Serranus Sebae et Quoyanus Günth.
31.   »   pantherinus Blkr = Serranus crapao CV., Blkr = Serranus diacopaeformis Benn. = Serranus bontoo et coioides Cant. = Serranus suillus Günth.
32.   »   Janseni Blkr = Serranus Janseni Blkr.
33.   »   macrospilus Blkr = Serranus macrospilos Blkr.
34.   »   corallicola Blkr = Serranus corallicola K. V. H., CV. = Serranus altivelioides Blkr, Kner = Epinephelus altivelioides Blkr.
35.   »   bontoides Blkr = Serranus bontoides Blkr.
36.   »   stellans Blkr = Serranus stellans (Rich.) Blkr.
37.   »   merra Bl. = Serranus merra CV. = Serranus hexagonatus (CV.) Blkr, Cant., Günth. = Serranus confertus Benn. = Serranus trimaculatus (Günth., CV.?) Kner = Epinephelus hexagonatus Blkr.

38. Epinephelus Gilberti Blkr = Serranus pardalis Blkr = Serranus Gilberti Günth.
39.   »   fuscoguttatus Blkr = Serranus horridus K. V. H., CV., Blkr = Serranus geographicus CV.?
40.   »   microdon Blkr = Serranus microdon Blkr.
41.   »   polyphekadion Blkr = Serranus polyphekadion Blkr.
42.   »   awoara Blkr = Serranus awoara Kner.
43.   »   Goldmani Blkr = Serranus Goldmanni Blkr.
44.   »   polypodophilus Blkr = Serranus polypodophilus Blkr.
45.   »   sexfasciatus Blkr = Serranus sexfasciatus K. V. H., CV., Blkr.
46.   »   summana Blkr = Serranus et Epinephelus polystigma Blkr.
47.   »   rhyncholepis Blkr = Serranus rhyncholepis Blkr.
48.   »   coeruleopunctatus Blkr = Serranus alboguttatus (CV.) Blkr, Günth. = Epinephelus alboguttatus Blkr.
49.   »   Hoevenii Blkr = Serranus Hoevenii Blkr, Günth. = Serranus Kunhardti Blkr
50.   »   ongus Blkr = Serranus reticulatus K. V. H., CV. = Serranus bataviensis Blkr, Günth.
51.   »   dictyophorus Blkr = Serranus dictyophorus Blkr.
52.   »   nebulosus Blkr = Serranus nebulosus (CV.) Blkr = Serranus moara (Schl.) Kner.
53.   »   fasciatus Blkr = Serranus marginalis (CV.) Blkr, Günth., Kner.

PARASERRANUS Blkr.

Corpus oblongum compressum, squamis mediocribus ctenoideis vestitum. Caput obtusum convexum vertice, fronte, rostro, osse suborbitali maxillisque alepidotum. Dentes maxillis, vomerini, palatini et pharyngeales pluriseriati acuti, maxillis seriebus internis immobiles, intermaxillares antici serie externa et serie interna et inframaxillares serie externa antici et laterales ex parte canini. Praeoperculum angulum versus dentibus spinaeformibus postrorsum spectantibus armatum. Operculum spinis 3. Pinnae, dorsalis et analis alepidotae, dorsalis indivisa spinis 10 gracilibus, analis spinis 3.

Rem. Le genre Paraserranus est le plus voisin du genre Serranus Cuv., c'est-à-dire du type générique représenté par les Serranus scriba et cabrilla CV., dont il se distingue principalement par la tête obtuse et convexe et par la dorsale et l'anale dénuées d'écailles. Je n'en connais jusqu'ici qu'une seule espèce, dont un seul individu fut trouvé à Java par Kuhl et Van Hasselt et envoyé au Musée de Leide. La diagnose de cette espèce semble pouvoir être formulée comme suit.

I. Hauteur du corps 4 fois dans sa longueur sans la caudale. Environ 55 rangées transversales d'écailles au-dessus, 50 au-dessous de la ligne latérale. 22 écailles sur une rangée transversale dont 6 entre la ligne latérale et la dorsale. Caudale tronquée à angles pointus. D. 10/12 ou 10/13. A. 3/7 ou 3/8. Une bande céphale-caudale brunâtre.

1. Paraserranus Hasseltii Blkr.

———

Paraserranus Hasseltii Blkr.

Paraserran. corpore subelongato compresso, altitudine 4 circ. in ejus longitudine absque-, 5 circ. in ejus longitudine cum pinna caudali; latitudine corporis $1\frac{2}{3}$ circ. in ejus altitudine; capite $3\frac{2}{3}$ circ. in longitudine corporis absque-, $4\frac{2}{3}$ circ. in longitudine corporis cum pinna caudali; altitudine capitis $1\frac{1}{4}$ circ., latitudine capitis 2 circ. in ejus longitudine; oculis diametro 3 circ. in longitudine capitis, diametro $\frac{2}{3}$ circ. distantibus; linea rostro-frontali convexa; rostro convexo oculo multo breviore et osse suborbitali alepidotis; maxilla superiore maxilla inferiore paulo breviore, sub oculi margine posteriore desinente; maxilla superiore antice utroque latere dentibus anterioribus 4 vel 5 caninis parvis curvatis; maxilla inferiore antice caninis nullis sed utroque latere serie externa medio dentibus aliquot caninoideis; dentibus vomerinis in thurmam △ formem-, palatinis utroque latere in vittam gracilem dispositis; praeoperculo rotundato margine posteriore obliquo et inferne postice dentibus conspicuis armato dentibus angularibus aliquot spinaeformibus ceteris conspicue majoribus; suboperculo interoperculoque edentulis; operculo spinis 3 media ceteris subaequalibus conspicue longiore; membrana operculari postice acutangula; linea laterali an-

tice vix curvata; squamis ciliatis angulum aperturae branchialis superiorem
inter et basin pinnae caudalis supra lineam lateralem in series 55 circ. transversas, infra lineam lateralem in series 50 circ. transversas dispositis; squamis 22 circ. in serie transversali basin pinnae ventralis inter et dorsalem, 6
circ. lineam lateralem inter et spinam dorsi mediam; cauda parte libera aeque
longa circ. ac postice alta; pinna dorsali spinis mediocribus 5ᵃ 4ᵃ et 5ᵃ spinis
posterioribus multo longioribus corpore minus duplo humilioribus; dorsali radiosa
dorsali spinosae altitudine et longitudine subaequali, duplo circ. longiore quam
alta, convexa, antice quam medio et postice altiore; pectoralibus obtusis capite
absque rostro non brevioribus; ventralibus acutis capite absque rostro brevioribus; caudali truncata vel vix emarginata angulis paulo producta capite absque rostro longiore; anali spinis gracilibus posteriore ceteris longiore, parte
radiosa dorsali radiosa non vel vix humiliore sed duplo circ. breviore, sat longe
ante radium dorsalis posticum desinente, vix longiore quam alta, obtusa, convexa; colore corpore pinnisque roseo?; fascia oculo-caudali fusca.
B. 7. D. 10/12 vel 10/13. P. 2/15. V. 1/5. A. 3/7 vel 3/8. C. 1/15/1 et lat. brev.
Hab. Java (Kuhl et Van Hasselt).
Longitudo speciminis unici 104‴.

Rem. L'espèce paraît être voisine du Serranus bivittatus CV. des Indes
occidentales, mais la description de Valenciennes, la seule à ma disposition,
n'est pas assez détaillée pour juger suffisamment des différences. L'individu
du Musée de Leide ne laisse plus reconnaître d'autres détails de coloration
qu'une bande brune oculo-caudale au-dessous de la ligne latérale et la tra-
versant sur la racine de la queue. — J'y trouvai dans la bouche un individu
presqu'adulte du Cymothoa irregularis Blkr.

VARIOLA Swns. = Pseudoserranus Klunz.

Corpus oblongum compressum, squamis parvis ctenoideis vestitum. Caput
convexum fronte, rostro, osse suborbitali maxillisque alepidotum. Dentes maxillis, vomerini, palatini et pharyngeales pluriseriati acuti, maxillis seriebus internis mobiles, intermaxillares antici et inframaxillares antici et laterales ex
parte canini. Praeoperculum leviter denticulatum spinis postrorsum vel antrorsum spectantibus nullis. Operculum spinis 3. Pinnae, dorsalis et analis
squamatae, dorsalis indivisa spinis 9, analis spinis 3, caudalis emarginata.

Rem. Le genre Variola est caractérisé, parmi les Epinephelini, par les ca-nines latérales de la mâchoire inférieure, par les dents mobiles des rangées internes aux deux mâchoires, par les neuf épines dorsales, par la peau nue sans écailles du front, du museau et des mâchoires, par la faible dentelure du préopercule et l'absence d'épines à son bord inférieur, et par la forme échancrée de la nageoire caudale. Je n'en connais que deux espèces, qui n'habitent pas seulement l'Inde archipélagique mais se retrouvent jusque dans la Mer rouge. Ces deux espèces ont la même forme générale du corps, la même écaillure et à peu près un même système de coloration, mais paraissent encore assez distinctes par les caractères résumés ci-dessous.

I. Partie molle de la dorsale et de l'anale plus ou moins arrondies. Une bande noire partant de l'oeil et s'arrêtant à la base des rayons postérieurs de la dorsale. Moitié supérieure de la base de la caudale à grande tache noire.

1. *Variola flavimarginata* Blkr.

II. Dorsale et anale molles fort pointues. Point de bande latérale ni de tache cau-dale noires.

2. *Variola louti* Blkr.

Variola flavimarginata Blkr.

Variol. corpore oblongo compresso, altitudine $3_{\overline{3}}$ circ. in ejus longitudine absque-, 4 circ. in ejus longitudine cum pinna caudali; latitudine corporis 2 fere in ejus altitudine; capite $2\frac{1}{8}$ circ. in longitudine corporis absque-, $3\frac{1}{4}$ circ. in longitudine corporis cum pinna caudali; altitudine capitis $1\frac{1}{3}$ circ., latitudine capitis 2 et paulo in ejus longitudine; oculis diametro 4 circ. in longitudine capitis, diametro $\frac{1}{2}$ circ. distantibus; linea rostro-frontali convexi-uscula; naribus anterioribus brevitubulatis naribus posterioribus paulo mino-ribus; rostro absque maxilla oculi diametro breviore; maxillis alepidotis, superiore inferiore conspicue breviore, paulo post oculum desinente, 2 circ. in longitudine capitis; osse intermaxillari dentibus pluriseriatis laterali-bus serie externa dentibus ceteris majoribus postrorsum longitudine sen-

13

sim decrescentibus, antice caninis 2 vel 1 curvatis magnis; osse inframaxillari dentibus antice pluriseriatis serie interna ceteris (caninis exceptis)
longioribus mobilibus, serie externa antice et medio caninis 2 vel 1 mediocribus; dentibus vomerinis et palatinis pluriseriatis, vomerinis in vittam
$\wedge$ formem, palatinis utroque latere in vittam gracilem dispositis; praeoperculo rotundato margine posteriore denticulis numerosissimis scabro; suboperculo leviter denticulato; interoperculo edentulo; operculo spinis 3, spina media ceteris longiore, spina superiore inferiore breviore; linea laterali valde
curvata apice curvaturae anterioris spinae dorsi 6^{ae} vel 7^{ae} opposito; squamis
operculo mediis squamis postaxillaribus non majoribus; squamis corpore cte-
noideis, angulum aperturae branchialis superiorem inter et basin pinnae caudalis supra lineam lateralem in series 130 circ. transversas, infra lineam lateralem in series 120 circ. transversas dispositis; squamis 70 circ. in serie
transversali basin pinnae ventralis inter et pinnam dorsalem, 12 circ. lineam
lateralem inter et spinam dorsi 6^{m} vel 7^{m}; squamis regione scapulo-postaxillari squamis mediis lateribus vix majoribus; cauda parte libera altiore quam
longa; pinna dorsali spinosa spinis mediocribus, spina 1^{a} spinis ceteris breviore, spinis sequentibus postrorsum longitudine non vel vix accrescentibus
posticis 2½ circ. in altitudine corporis, membrana interspinali antice mediocriter incisa spinas posteriores inter leviter emarginata, non lobata; dorsali radiosa dorsali spinosa altiore, obtusa, rotundata, radiis longissimis 2
circ. in altitudine corporis; pectoralibus capitis parte postoculari longioribus; ventralibus acutis capitis parte postoculari non vel vix brevioribus,
spina oculo non multo longiore; anali spina 2^{a} spina 3^{a} longiore oculo
minus duplo longiore, parte radiosa obtusa rotundata dorsali radiosa breviore
sed non humiliore; caudali margine posteriore concava angulis acuta plus minusve productà capitis parte postoculari longiore; colore corpore carmosino
vel roseo; iride rubescente; fascia cephalo-dorsali lata nigra margine oculi
posteriore incipiente et basi radii dorsalis penultimi desinente; pinnis fla-
vescente-roseis; guttulis toto corpore pinnisque dorsali et caudali sparsis sat
numerosis spatiis intermediis minoribus margaritaceis vel margaritaceo-roseis
vulgo violascente annulatis; pinna caudali basi superne macula magna rotun-
diuscula nigra.

B. 7. D. 9/14 vel 9/15. P. 2/15. V. 1/5. A. 3/8 vel 3/9. C. 1/15/1 et lat. brev.
Syn. *Serranus flavimarginatus* Rüpp., Atl. Reise, Fisch. R. M. p. 109; Günth.;
    Cat. Fish. I. p. 103.

Serranus melanotaenia Blkr, Act. Soc. Scient. Ind. Neerl. II Achtste
    bijdr. vischf. Amb. p. 33 ; Günth., Cat. Fish. I p. 504.
Variola melanotaenia Blkr, Enum. poiss. Amb., Ned. T. Dierk. II p.
    277 ; Atl. Ichth. VII Tab. 289, Perc. tab. 11 fig. 4
Hab. Amboina, in mari.
Longitudo speciminis unici 91^m.

Rem. Je crois maintenant avoir retrouvé, dans le Variola actuel, l'espèce
de la Mer rouge, décrite par M. Rüppell sous le nom de Serranus flavomar-
ginatus. Bien qu'il soit dit de cette espèce que la forme des nageoires est
parfaitement la même que dans le Variola louti, et que par conséquent la
dorsale et l'anale molles sont pointues et non obtuses et arrondies comme
dans l'individu d'Amboine, il se peut bien que ces nageoires ne prennent
cette forme que dans un âge plus avancé que celui de l'individu que j'ai
devant moi et qui manifestement ne représente que le jeune âge. M. Klun-
zinger ne considère le flavimarginatus que comme une variété de couleur
du louti.

Variola louti Blkr.

Variol. corpore oblongo compresso, altitudine 3$\frac{1}{2}$ ad 3$\frac{1}{4}$ in ejus longitudine
absque-, 4$\frac{1}{4}$ ad 4$\frac{3}{5}$ in ejus longitudine cum pinna caudali; latitudine corporis
1$\frac{3}{4}$ ad 2 in ejus altitudine; capite 2$\frac{3}{5}$ ad 3 in longitudine corporis absque-,
3$\frac{3}{5}$ ad 4 in longitudine corporis cum pinna caudali; altitudine capitis 1$\frac{1}{5}$ ad
1$\frac{3}{5}$-, latitudine capitis 2 ad 2 et paulo in ejus longitudine; oculis diametro
4$\frac{2}{3}$ ad 5 in longitudine capitis, diametro $\frac{2}{3}$ circ. distantibus; linea rostro-frontali convexiuscula; naribus anterioribus brevitubulatis naribus posterioribus
rotundis minoribus; rostro absque maxilla oculi diametro paulo ad non longiore; maxilla superiore maxilla inferiore paulo breviore, sub oculi parte posteriore vel vix post oculum desinente, 2 circ. in longitudine capitis; osse intermaxillari dentibus pluriseriatis, lateralibus serie externa dentibus ceteris
majoribus postrorsum longitudine sensim decrescentibus, antice canino curvato
sat magno; osse inframaxillari dentibus pluriseriatis serie interna ceteris
(caninis exceptis) longioribus mobilibus, serie externa antice canino unico,
medio caninis 1 ad 3 curvatis sat magnis; dentibus vomerinis et palatinis pluriseriatis, vomerinis in vittam $\wedge$ formem-, palatinis utroque latere in
vittam gracilem dispositis; praeoperculo rotundato margine posteriore den-

13*

ticulis numerosis tactu magis quam visu conspicuis; suboperculo interoperculoque margine libero edentulis; operculo spinis 3, media ceteris longiore, superiore parum conspicua; linea laterali valde curvata apice curvaturae anterioris spinae dorsi 7ae vel 8ae opposito; squamis operculo mediis squamis postaxillaribus non vel vix majoribus; squamis corpore ciliatis, angulum aperturae branchialis superiorem inter et basin pinnae caudalis supra lineam lateralem in series 115 ad 120 transversas, infra lineam lateralem in series 105 ad 110 transversas dispositis; squamis 70 circ. in serie transversali basin pinnae ventralis inter et pinnam dorsalem, 12 circ. lineam lateralem inter et spinam dorsi 7m vel 8m; squamis regione scapulo-postaxillari squamis mediis lateribus vix majoribus; cauda parte libera aeque alta circ. ac longa; pinna dorsali spinosa spinis mediocribus, spina 1a ceteris breviore, spinis sequentibus postrorsum longitudine vix accrescentibus, posticis 2⅓ ad 3 in altitudine corporis, membrana inter spinas 3 vel 4 anteriores sat profunde incisa, inter spinas sequentes leviter tantum emarginata, non lobata; dorsali radiosa dorsali spinosa altiore, acuta, radiis longissimis 1¾ ad 2 in altitudine corporis; pectoralibus obtusis et ventralibus valde acutis capitis parte postoculari longioribus; spina ventrali oculo multo sed minus duplo longiore; anali spina 3a spina 2a paulo longiore sed debiliore oculo paulo tantum longiore, parte radiosa acuta dorsali radiosa breviore sed non humiliore; caudali margine posteriore concava radiis lateralibus valde productis capite paulo brevioribus ad paulo longioribus; corpore pinnisque imparibus pulchre carmosinis, guttulis vel maculis parvis numerosis profunde rubro-violaceis; iride flavescente vel rosea; pinnis pectoralibus aurantiacis, ventralibus roseis, caudali postice violaceo vel nigricante et flavo marginata.

B. 7. D. 9/14 vel 9/15. P. 2/16. V. 1/5. A. 3/8 vel 3/9. C. 1/15/1 et lat. brev.
Syn. *Ikan Soesalat* Valent., Amb. fig. 205?

Soesalath, Jacob Everse Ren., Poiss. Mol. I tab.41 fig. 207; II tab. 21 fig. 100.
Perca louti Forsk., Descr. anim. p. 40, n°. 40.
Bodianus louti Bl. Schn., Syst., p. 332; Lac., Poiss. IV p. 286.
Labrus punctulatus Lac., Poiss. III p. 377, tab. 17 fig. 2.
Serranus louti Rüpp., Atl. Reise, Fisch. p. 106 tab. 26 fig. 2; Günth., Cat. Fish. I p. 101 (nec. CV.).
Serranus punctulatus CV., Poiss. II p. 275, IX p. 322; QG., Zool. Voy. Astrol. Poiss. p. 654 tab. 3 fig. 2; Blkr, Diagn. n. vischs. Sumatra, Nat. T. Ned. Ind. III p. 570.

Serranus phaenistomus Swns., Nat. Hist. Fish. II p. 201.
Variola longipinna Swns., Nat. Hist. Fish. II p. 202.
Pseudoserranus louti Klunz., Syn. Fisch. R. M., Verh. zool. bot. Ges.
   Wien XX p. 687.
Hab. Sumatra (Padang, Siboga); Java; Celebes (Manado, Kema); Timor
   (Kupang, Atapupu), Ternata; Batjan (Labuha); Amboina; Waigiu;
   Nova-Guinea (Or. sept.); in mari.
Longitudo 6 speciminum 260''' ad 350'''.

Rem. Le Variola louti habite, hors l'Insulinde, la Mer rouge, les côtes de
Zanzibar, de l'île de France et de Ceylon. Swainson cite cette espèce sous
le nom de Serranus phaenistomus bien qu'il établit presque en même temps
le genre Variola sur la même figure de M. Rüppell mais en nommant l'espèce longipinna.

PARACANTHISTIUS Blkr = Plectropoma Gill (CV. ex parte).

Corpus oblongum compressum squamis parvis juventute ctenoideis vestitum.
Caput convexum fronte, rostro et osse suborbitali alepidotum. Maxilla inferior
squamata. Dentes maxillis, vomerini, palatini et pharyngeales pluriseriati
acuti, maxillis seriebus internis mobiles, intermaxillares antici et inframaxillares antici et laterales ex parte canini. Praeoperculum margine inferiore spinis deorsum et antrorsum spectantibus. Operculum spinis 2 vel 3. Pinnae,
dorsalis et analis squamatae, dorsalis indivisa spinis 6 ad 10, analis spinis 3.

Rem. Je propose le nom générique de Paracanthistius pour les espèces,
ayant de commun les caractères indiqués dans la diagnose et dont le Plectropoma leopardinum CV. peut être considéré comme le type. On pourrait con-
server à ces espèces le nom de Plectropoma, si Cuvier lui-même n'avait pas,
déjà en l'an 1817, employé ce nom pour le genre qu'il nomma plus tard
Lates, genre auquel le droit de priorité exige de rendre le nom de Plectropoma publié dans le première édition du Règne animal. Le genre Plectropoma de la grande Histoire naturelle des poissons est du reste un genre com-
posé qui comprend des Paracanthistius, des Epinephelus et des représentants des genres Acanthistius Gill et Hypoplectrus Gill (= Hypoplectrodes
et Gonioplectrus Gill).

Le genre Paracanthistius est le plus voisin du genre Acanthistius Gill, mais celui-ci et est essentiellement distinct par l'absence de canines infra-maxillaires latérales, par la mâchoire inférieure denuée d'écailles et par les 13 épines dorsales.

Les espèces indo-archipélagiques de Paracanthistius se font aisément reconnaître par les caractères indiqués dans l'exposé suivant.

I. Caudale échancrée.   Épines anales faibles contigues.   Corps et nageoires rouges.

    A.   7 ou 8 épines dorsales.   Dorsale et anale molles obtuses et arrondies.   Environ 125 rangées transversales d'écailles au-dessus, 115 à 120 au-dessous de la ligne latérale, 18 entre la ligne latérale et la 5e ou 6e épine dorsale.   Corps et nageoires impaires à ocelles bleus.

        a. Hauteur du corps $3\frac{1}{4}$ à $3\frac{1}{3}$ fois dans sa longueur sans la caudale.   Ocelles fort petits et nombreux d'environ la grandeur de la partie libre des écailles des côtés.

            1. *Paracanthistius leopardinus* Blkr.

        b. Hauteur du corps $3\frac{1}{2}$ à 4 fois dans sa longueur sans la caudale.   Ocelles en nombre médiocre, généralement beaucoup plus grands que les plus grandes écailles et souvent ovales ou oblongues.

            2. *Paracanthistius maculatus* Blkr.

    B.   6 ou 7 épines dorsales.   Dorsale et anale molles échancrées à angles aigus.   Environ 110 rangées transversales d'écailles au-dessus, 105 au-dessous de la ligne latérale.

        a. Corps et nageoires à bandelettes longitudinales et bleues, se décomposant en partie en taches oblongues et en ocelles.

            3. *Paracanthistius oligacanthus* Blkr.

Paracanthistius leopardinus Blkr.

Paracanthist. corpore oblongo compresso, altitudine $3\frac{1}{4}$ ad $3\frac{1}{3}$ in ejus longitudine absque-, 4 et paulo ad $4\frac{2}{3}$ in ejus longitudine cum pinna caudali; latitudine corporis $1\frac{2}{3}$ ad 2 fere in ejus altitudine; capite 3 et paulo ad $3\frac{1}{4}$ in longitudine corporis absque-, 4 fere ad $4\frac{1}{2}$ in longitudine corporis cum pinna caudali; altitudine capitis $1\frac{1}{3}$ ad $1\frac{1}{4}$-, latitudine capitis $1\frac{3}{4}$ ad 2 fere in ejus longitudine; oculis diametro 5 ad $6\frac{2}{3}$ in longitudine capitis, diametro 1

fere ad 1 et paulo distantibus; linea rostro-frontali convexiuscula; linea interoculari convexiuscula; naribus anterioribus brevicirratis naribus posterioribus
ovalibus vel rotundiusculis minoribus; rostro absque maxilla oculi diametro
paulo ad sat multo longiore; osse suborbitali sub oculo oculi diametro
non multo ad non humiliore; maxilla superiore maxilla inferiore conspicue breviore, sub oculi limbo posteriore desinente, 2 et paulo ad $2\frac{1}{2}$
in longitudine capitis, postice squamuloso; osse intermaxillari dentibus
antice et lateribus pluriseriatis serie externa ceteris multo majoribus postrorsum longitudine valde decrescentibus et antice insuper canino magno
curvato; osse inframaxillari dentibus biseriatis serie interna mobilibus et insuper caninis 3 vel 4 anteriore symphysi approximato magno curvato, posterioribus 2 vel 3 medio maxillae ramo insertis inaequalibus leviter curvatis; dentibus vomerinis et palatinis tri-ad biseriatis, palatinis utroque latere
in vittam gracillimam, vomerinis in vittam $\wedge$ formem dispositis; praeoperculo
rotundato margine posteriore denticulis numerosissimis vix conspicuis, margine
inferiore spinis 4 vel 5 deorsum et antrorsum spectantibus; suboperculo junioribus denticulis minimis scabro; interoperculo denticulis conspicuis nullis; operculo spinis 3 media ceteris longiore, superiore et inferiore parvis
interdum rudimentariis; squamis medio operculo squamis postaxillaribus non
majoribus; linea laterali valde curvata, apice curvaturae anterioris spinae
dorsi 5^{ae} circ. opposito; squamis corpore junioribus ciliatis aetate provectis
non ciliatis, angulum aperturae branchialis superiorem inter et basin pinnae
caudalis in series 125 circ. transversas, infra lineam lateralem in series 115
circ. transversas dispositis; squamis 75 ad 80 in serie transversali basin
pinnae ventralis inter et pinnam dorsalem, 18 ad 20 lineam lateralem inter
et spinam dorsi 5^{m}; squamis regione scapulo-postaxillari squamis mediis
lateribus non vel vix majoribus; cauda parte libera longiore quam alta; pinna
dorsali spinosa spinis gracilibus mediis ceteris longioribus 3 ad $3\frac{1}{2}$ in altitudine corporis, membrana inter singulas spinas profunde incisa non lobata;
pinna dorsali radiosa dorsali spinosa altiore et paulo breviore, obtusa, rotundata, radiis longissimis 2 et paulo ad $2\frac{1}{2}$ in altitudine corporis; pinnis pectoralibus capitis parte postoculari non ad paulo brevioribus; ventralibus acutis capitis parte postoculari vix ad non longioribus spina gracili oculo minus
duplo longiore; anali spinis contiguis 3^{a} ceteris longiore, parte radiosa obtusa
rotundata dorsali radiosa breviore sed non humiliore; caudali postice emarginata angulis acuta radiis mediis capitis parte postoculari longiore; colore

corpore superne fuscescente-rubro, lateribus et inferne rubro; iride rubra vel flava; capite corporeque ubique guttulis parvis dilute coeruleis coeruleo profundiore annulatis, spatiis intermediis minoribus; pinnis rubris, verticalibus guttulis ut in corpore; pinnis pectoralibus guttulis basi tantum vel nullis; dorsali radiosa superne, caudali medio postice, ventralibus apicem versus et anali inferne violascentibus; caudali postice interdum flavo marginata.

B. 7. D. 8/11 vel 8/12 vel 7/12 vel 7/13. P. 2/14. V. 1/5. A. 3/8 vel 3/9. C. 1/15/1 et lat. brev.

Syn. *Holocentrus leopardus* Lac., Poiss. IV p. 332, 337.
Plectropoma leopardinum CV., Poiss. II p. 295 tab. 36; Schl., Faun. Jap. Poiss. p. 12; Blkr, Spec. pisc. Javan. nov., Nat. T. Ned. Ind. VII p. 421; Günth., Catal. Fish. I p. 157.
Plectropoma maculatum et *areolatum* Rüpp., Atl. Reis. N. Afr. Fisch. p. 110, 143; N. Wirb., Fisch. p. 90.
Plectropoma leopardus Rich., Rep. Chin. Jap. in Rep. 15^{h} meet. Brit. Assoc. p. 230.
Plectropoma cyanostigma Blkr, Topogr. Batav., Nat. Gen. Arch. Ned. Ind. II p. 525.
Plectropoma maculatum var. *b* Blkr, Verh. Bat. Gen. XXII Perc. p. 30.
Acanthistius leopardinus Blkr, Atl. Ichth. Tab. 296, Perc. tab. 18 fig. 3.
Laüdi et *Kakap-bebeh* Mal.

Hab. Java (Batavia); in mari.
Longitudo 5 speciminum 290''' ad 560'''.

Rem. Le Paracanthistius leopardinus, connu autrefois seulement de la »Mer des Indes," fut retrouvé par moi à Batavia, et M. Günther a depuis encore indiqué sa présence dans l'Archipel des Louisiades. Il est beaucoup plus rare que l'Acanthistius maculatus.

Paracanthistius maculatus Blkr.

Paracanth. corpore oblongo compresso, altitudine $3\frac{1}{3}$ ad 4 fere in ejus longitudine absque-, $4\frac{1}{4}$ ad 5 fere in ejus longitudine cum pinna caudali; latitudine corporis $1\frac{2}{3}$ ad 2 in ejus altitudine; capite 3 et paulo ad $3\frac{2}{5}$ in longitudine corporis absque-, 4 ad $4\frac{1}{4}$ in longitudine corporis cum pinna caudali; altitudine capitis 1_{6} ad $1\frac{2}{5}$, latitudine capitis $1\frac{5}{6}$ ad $2\frac{1}{3}$ in ejus longitudine;

oculis diametro $4\frac{1}{2}$ ad 6 fere in longitudine capitis, diametro $\frac{3}{4}$ ad 1 distantibus; linea rostro-frontali convexiuscula; naribus anterioribus brevicirratis naribus posterioribus rotundis vel ovalibus minoribus; rostro absque maxilla oculi diametro non ad paulo longiore; osse suborbitali sub oculo oculi diametro duplo fere ad non humiliore; maxilla superiore maxilla inferiore paulo breviore, sub oculi limbo posteriore desinente 2 et paulo ad $2\frac{1}{4}$ in longitudine capitis, postice squamulato; osse intermaxillari dentibus antice et lateribus pluriseriatis serie externa ceteris multo majoribus postrorsum longitudine valde decrescentibus, et antice insuper caninis 2 vel 1 magnis curvatis; osse inframaxillari dentibus biseriatis serie interna mobilibus et insuper caninis 3 vel 4 anteriore symphysi approximato magno curvato, posterioribus 2 vel 3 medio maxillae ramo insertis inaequalibus rectiusculis; dentibus, vomerinis et palatinis tri- ad biseriatis palatinis utroque latere in vittam gracillimam, vomerinis in vittam $\wedge$-formem dispositis; praeoperculo rotundato margine posteriore denticulis numerosissimis parum conspicuis, margine inferiore spinis 3 vel 4 deorsum et antrorsum spectantibus; suboperculo et interoperculo edentulis vel suboperculo inferne denticulis aliquot scabriusculo; operculo spinis, media ceteris longiore, ceteris rudimentariis vel inconspicuis; squamis medio operculo squamis postaxillaribus non majoribus; linea laterali mediocriter curvata apice curvaturae anterioris spinae dorsi 5^{ae} vel 6^{ae} opposito; squamis corpore juvenilibus ciliatis aetate provectis non ciliatis, angulum aperturae branchialis superiorem inter et basin pinnae caudalis supra lineam lateralem in series 125 circ. transversas, infra lineam lateralem in series 115 ad 120 transversas dispositis; squamis 75 ad 80 in serie transversali basin pinnae ventralis inter et pinnam dorsalem-, 18 circ. lineam lateralem inter et spinam dorsi 5^{m} vel 6^{m}; squamis regione scapulopostaxillari squamis mediis lateribus non vel vix majoribus; cauda parte libera longiore quam alta; pinna dorsali spinosa spinis gracilibus mediis ceteris longioribus 3 ad $3\frac{1}{2}$ in altitudine corporis, membrana inter singulas spinas profunde incisa non lobata; pinna dorsali radiosa dorsali spinosa non ad vix breviore sed sat multo altiore, obtuse rotundata, radiis longissimis 2 circ. in altitudine corporis; pinnis pectoralibus capitis parte postoculari non ad vix longioribus; ventralibus acutis capitis parte postoculari paulo ad non longioribus spina gracili oculo duplo fere longiore; anali spinis contiguis 3^{a} ceteris longiore, parte radiosa obtusa rotundata dorsali radiosa breviore sed non humiliore; caudali postice emarginata angulis acuta, radiis mediis capitis parte

14

postoculari longiore; colore corpore pinnisque rubro ; iride flava vel rubra ; capite, corpore pinnisque imparibus maculis coeruleis coeruleo profundiore annulatis sat numerosis spatiis intermediis vulgo majoribus, maculis capite et corpore vulgo ovalibus vel oblongis, corpore in series longitudinales irregulares dispositis, maculis pinnis vulgo rotundis minoribus irregulariter dispositis; pinnis paribus maculis vel ocellis nullis.

B. 7. D. 8/11 vel 8/12 vel 7/12 vel 7/13. P. 2/14. V. 1/5. A. 3/8 vel 3/9. C. 1/15/1 et lat. brev.

Syn. *Bodianus maculatus* Bl., Ausl. Fisch. IV p. 48 tab. 228 ; Bl. Schn., Syst. p. 331 ; Lac., Poiss. IV p. 280, 293.

Plectropoma punctatum QG., Zool. Voy. Uranie, I p. 318, tab. 45 fig. 1.

Plectropoma maculatum CV., Poiss. II p. 256; Blkr, Spec. pisc. Javan., Nat. T. Ned. Ind. VII p. 418 ; Günth., Cat. Fish. I p. 156 ; Klunz., Syn. Fisch. R. M., Verh. z. b. Ges. Wien XX p. 689.

Plectropoma maculatum var. a. Blkr, Verh. Bat. Gen. XXII Perc. p. 39.

Plectropoma maculatum var. d. e. Playf. Günth., Fish. Zanzib. p. 13.

Acanthistius maculatus Blkr, Atl. ichth. Tab. 291, Perc. tab. 13 fig. 3.

Laüdi et *Kakap-bebeh* Mal.

Hab. Singapura ; Java (Batavia) ; Celebes (Macassar) ; Halmahera (Sindangole) ; Ternata ; in mari.

Longitudo 7 speciminum 203''' ad 503'''.

Rem. M. Günther rapporte aussi à cette espèce, comme variété, le Plectropoma melanoleucum CV. dont il décrit, mais principalement sur des individus empaillés ou dessechés, quelques variations. Il me semble pourtant que l'identité du melanaleucum avec le maculatum mérite d'être mieux constatée et que surtout les formules des écailles du melanoleucum doivent être examinées. — Le maculatus est du reste fort voisin du leopardinus et ne s'en distingue guère que par la forme moins trapue du corps, par la tête qui est moins obtuse et par les détails de la maculature. Il est beaucoup moins rare, à Batavia, que le leopardinus et que l'oligacanthus. Sa chair est fort recherchée.

L'espèce est connue habiter aussi la Mer rouge et les côtes de l'Isle de France.

Paracanthistius oligacanthus Blkr.

Paracanth. corpore oblongo compresso, altitudine $3\frac{1}{2}$ ad $3\frac{3}{4}$ in ejus longitudine absque-, $4\frac{2}{5}$ ad $4\frac{2}{3}$ in ejus longitudine cum pinna caudali; latitudine corporis $1\frac{3}{4}$ ad 2 in ejus altitudine; capite $3\frac{1}{5}$ ad $3\frac{2}{5}$ in longitudine corporis absque-, 4 ad $4\frac{1}{4}$ in longitudine corporis cum pinna caudali; altitudine capitis $1\frac{3}{5}$ circ,-, latitudine capitis 2 ad 2 et paulo in ejus longitudine; oculis diametro 5 ad $6\frac{1}{2}$ in longitudine capitis, diametro 1 ad $1\frac{1}{4}$ distantibus; linea rostro-frontali convexiuscula; linea interoculari convexiuscula; naribus anterioribus valvatis naribus posterioribus ovalibus vel rotundis multo minoribus; rostro absque maxilla oculi diametro vix ad sat multo longiore; osse suborbitali sub oculo oculi diametro sat multo ad non humiliore; maxilla superiore maxilla inferiore conspicue breviore, sub oculi margine posteriore vel paulo post oculum desinente, 2 ad 2 et paulo in longitudine capitis, postice alepidoto vel leviter squamulato; osse intermaxillari dentibus lateribus biseriatis serie externa serie interna majoribus postrorsum longitudine valde decrescentibus, antice pluseriatis et insuper canino magno curvato; osse inframaxillari dentibus biseriatis serie interna mobilibus et insuper caninis 3 ad 6, anteriore symphysi approximato mediocri postrorsum curvato, posterioribus 2 vel 3 medio maxillae ramo insertis inaequalibus rectiusculis; dentibus vomerinis et palatinis tri- ad biseriatis, palatinis utroque latere in vittam gracillimam, vomerinis in vittam $\wedge$-formem dispositis; praeoperculo rotundato, margine posteriore denticulis numerosissimis parum ad non conspicuis, margine inferiore spinis 3 vel 4 deorsum et antrorsum spectantibus; suboperculo interoperculoque dentibus conspicuis nullis; operculo spinis, media conspicua debili, ceteris rudimentariis vel nullis; squamis operculo mediis squamis postaxillaribus non majoribus; linea laterali mediocriter curvata, apice curvaturae anterioris spinae dorsi 4^{ae}, 5^{ae} vel 6^{ae} opposito; squamis corpore non ciliatis angulum aperturae branchialis superiorem inter et basin pinnae caudalis supra lineam lateralem in series 110 circ. transversas, infra lineam lateralem in series 105 circ. transversas dispositis; squamis 75 circ. in serie transversali basin pinnae ventralis inter et pinnam dorsalem, 20 circ. lineam lateralem inter et spinam dorsi 4^m ad 6^m; squamis regione scapulo-axillari squamis mediis lateribus vix vel non majoribus; cauda parte libera longiore quam alta; pinna dorsali spinosa spinis gracilibus 3^a, 4^a et 5^a ceteris longioribus 3 ad plus quam 3 in altitudine cor-

poris, membrana inter singulas spinas profunde incisa non lobata; dorsali radiosa antice et postice acuta, superne emarginata, dorsali spinosa non vel vix.
breviore sed multo altiore, radiis subanterioribus ceteris longioribus 1⅔ ad
1¾ in altitudine corporis; pinnis pectoralibus capitis parte postoculari brevioribus; pinnis ventralibus acutis capitis parte postoculari brevioribus
spina debili oculo vulgo minus duplo longiore; anali spinis gracilibus contiguis 3ᵃ ceteris longiore, parte radiosa dorsali radiosa breviore sed non vel
paulo humiliore, antice et postice acuta, inferne emarginata; caudali emarginata angulis acuta radiis mediis capitis parte postoculari non ad paulo longioribus; colore corpore superne pulchre violascente-rubro, inferne pulchre
rubro; iride rubra vel flava; genis vittis longitudinalibus obliquis curvatis coeruleis 5 ad 7 a regione suboculari suboperculum interoperculumque
versus descendentibus; vittis rostro-ocularibus 2 ad 4 coeruleis posteriore
post oculum operculi partem superiorem versus adscendente; maxillis, rostro,
fronte et vertice maculis oblongis longitudinalibus et transversis coeruleis;
dorso antice superne et regione thoracica vittis pluribus longitudinalibus-,
lateribus antice vittis pluribus transversis coeruleis; dorso postice, ventre
postice caudaque maculis numerosis rotundis et oblongis coeruleis; pinnis pulchre rubris; dorsali spinosa maculis aliquot coeruleis; dorsali radiosa et anali
vittis pluribus longitudinalibus obliquis coeruleis, margine libero violascentibus;
pectoralibus postice violaceis late aurantiaco marginatis basi maculis vel vittulis
coeruleis; ventralibus vittis longitudinalibus coeruleis, apice violascentibus;
caudali medio postice violascente ubique ocellis coeruleis numerosis confertis.

B. 7. D. 6/12 vel 6/13 vel 7/12 vel 7/13. P. 2/12 vel 2/13. V. 1/5. A. 3/8
    vel 3/9. C. 1/15/1 et lat. brev.

Syn. *Plectropoma oligacanthus* Blkr, Spec. pisc. Javan. nov. diagn. adumbr.
    Nat. T. Ned. Ind. VII p. 422; Günth., Cat. Fish. I. p. 157.

    Acanthistius oligacanthus Blkr, Enum. poiss. Amboin., Ned. T. Dierk.
    II p. 277; Atl. ichth. Tab. 279, Perc. tab. 1 fig. 2.

    Laüdi et *Kakap-bebeh* Mal.

Hab. Java (Batavia); Celebes (Manado); Amboina; in mari.
Longitudo 5 speciminum 327‴ ad 550‴.

Rem. L'oligacanthus est éminemment distinct par le nombre et par la fai-
blesse de ses épines dorsales, par la forme echancrée de la dorsale molle et

de l'anale et par le système de coloration. L'espèce est assez rare. A Batavia sa chair est fort recherchée, tout comme celle des Paracanthistius maculatus et leopardinus.

ANYPERODON Günth. = Cerna Bp.?

Corpus oblongum compressum squamis parvis ctenoideis vestitum. Caput acutum, vertice, fronte maxillaque inferiore squamatum. Dentes maxillis, vomerini et pharyngeales pluriseriati acuti, maxillis seriebus internis mobiles, intermaxillares antici ex parte canini, inframaxillares canini nulli. Dentes palatini nulli. Praeoperculum leviter denticulatum. Operculum spinis 3. Pinnae, dorsalis et analis squamatae, dorsalis indivisa spinis 11, analis spinis 3 et radiis 8 ad 10.

Rem. Le genre Anyperodon, fort voisin des Epinephelus à onze épines dorsales, en est essentiellement distinct par l'absence de dents palatines et de dents canines à la mâchoire inférieure. L'absence de dents palatines est constante et point accidentelle et dans nul des nombreux individus que j'ai observés je n'ai vu non plus de canines à la mâchoire inférieure, ces dents manquant tout aussi bien dans les jeunes que dans les individus d'un âge fort avancé. Les deux espèces connues ont aussi le corps plus allongé, la tête plus pointue et la mâchoire inférieure plus longue que les vrais Epinephelus, d'où résulte une physionomie générale particulière qui aide à faire reconnaître le genre du premier coup-d'oeil.

Les deux espèces se font du reste aisément distinguer par les caractères suivants.

I. Partie libre de la queue aussi longue que haute. Corps à 4, 5 ou 6 bandelettes longitudinales blanchâtres et à ocelles bruns épars. Dorsale et caudale à ocelles bruns.

1. *Anyperodon leucogrammicus* Günth.

II. Partie libre de la queue plus haute que longue. Corps à bandelettes longitudinales alternantes bleues et rouges. Nageoires sans taches; un ocelle noir seulement cerclé de bleu au haut de la base de la caudale.

2. *Anyperodon urophthalmus* Blkr.

Anyperodon leucogrammicus Günth., Catal. Fish. I p. 96.

Anyper. corpore oblongo compresso, altitudine $3\frac{1}{5}$ ad $3\frac{4}{5}$ in ejus longitudine absque-, $3\frac{7}{8}$ ad $4\frac{1}{3}$ in ejus longitudine cum pinna caudali; latitudine corporis 2 ad $2\frac{1}{5}$ in ejus altitudine; capite $3\frac{3}{5}$ ad $3\frac{4}{5}$ in longitudine corporis absque-, $3\frac{1}{7}$ ad $3\frac{1}{3}$ in longitudine corporis cum pinna caudali; altitudine capitis $1\frac{1}{2}$ circ.-, latitudine capitis $2\frac{1}{2}$ ad 3 et paulo in ejus longitudine; linea rostrofrontali rectiuscula; oculis diametro $5\frac{1}{2}$ ad 6 in longitudine capitis, diametro $\frac{1}{2}$ ad $\frac{3}{5}$ distantibus; naribus anterioribus brevitubulatis naribus posterioribus oblongo-rotundis multo minoribus; rostro squamato, absque maxilla oculi diametro junioribus vix breviore aetate provectis longiore; osse suborbitali sub oculo oculi diametro plus duplo ad triplo humiliore, squamoso; maxilla superiore maxilla inferiore conspicue breviore, longe post oculum desinente 2 circ. in longitudine capitis, postice squamata; osse intermaxillari dentibus pluriseriatis lateralibus subaequalibus, anterioribus seriebus ceteris internis longioribus mobilibus, antice insuper canino curvato parvo; osse inframaxillari dentibus pluri- ad biseriatis serie externa ceteris paulo longioribus mobilibus; dentibus vomerinis pluriseriatis in vittam $\wedge$-formem dispositis; praeoperculo obtusangulo rotundato postice et interdum etiam inferne denticulis numerosis parvis, angularibus ceteris vix majoribus; suboperculo et interoperculo margine libero vulgo ex parte leviter denticulatis; operculo spinis 3, spinis media et inferiore subaequalibus spina superiore vulgo majoribus; linea laterali valde curvata apice curvaturae anterioris spinae dorsi 5^{ae} vel 6^{ae} opposito; squamis operculo mediis squamis postaxillaribus minoribus; squamis corpore ciliatis, angulum aperturae branchialis superiorem inter et basin pinnae caudalis supra lineam lateralem in series 100 circ. transversas, infra lineam lateralem in series 90 ad 95 transversas dispositis; squamis 65 circ. in serie transversali basin pinnae ventralis inter et pinnam dorsalem, 12 circ. lineam lateralem inter et pinnam dorsi 5^m vel 6^m; squamis regione scapulo-postaxillari squamis mediis lateribus paulo majoribus; cauda parte libera aeque longa circ. ac alta; pinna dorsali spinosa spinis mediocribus, 3^a, 4^a et 5^a ceteris longioribus $2\frac{1}{2}$ ad 3 in altitudine corporis, membrana inter singulas spinas sat profunde incisa non lobata; dorsali radiosa obtusa rotundata dorsali spinosa altiore, radiis longissimis 2 ad 2^1 in altitudine corporis; pectoralibus capitis parte postoculari non ad paulo brevioribus; ventralibus acute vel acutiuscule rotundatis capitis parte postoculari brevioribus, spina oculo minus duplo longiore; anali spina 2ª spina 3ª vulgo paulo longiore oculo minus duplo longiore, parte radiosa dorsali radiosa non humiliore; caudali rotundata, capitis parte postoculari paulo longiore ad paulo breviore; colore corpore superne ex rubro fuscescente, inferne umbrino vel griseo-roseo; iride rubra margine orbitali aurea; pinnis fuscescente-aurantiacis; capite, corpore pinnisque dorsali et caudali guttis numerosis sparsis fuscis; vittis capite corporeque longitudinalibus albescentibus 6, superioribus 2 rostro- vel occipito-dorsalibus basi dimidii dorsalis spinosae anterioris desinentibus, 3ª supraoperculo-dorsali, 4ª rostro-oculo-caudali, 5ª suboculo-axillo-caudali, 6ª maxillo-subthoracico caudali; vittis 2 superioribus et vitta inferiore aetate provectis praesertim frequenter inconspicuis.

B. 7. D. 11/14 vel 11/15 vel 11/16. P. 2/14. V. 1/5. A. 3/9 vel 3/10. C. 1/15/1 et lat. brev.

Syn. *Ikan Kipas koening* Valent., Amb. fig. 409.
Anniko-Moor Ren., Poiss. Mol. I tab. 1 fig. 6.
Serranus leucogrammicus (Reinw.) CV., Poiss. II p. 259; Blkr, Verh. Bat. Gen. XXII Percoïd. p. 33.
Epinephelus leucogrammicus Blkr, Onzième notic. ichth. Ternate, Ned. T. Dierk. I p. 232; Atl. ichth. Tab. 279, Perc. tab. 1 fig. 1
Krapo Mal.

Hab. Singapura, Java (Batavia); Flores (Larantuca); Timor (Atapupu); Ternata; Amboina; in mari.

Longitudo 13 speciminum 230''' ad 440'''.

Rem. On reconnaît fort bien cette espèce dans les figures citées de Valentyn et Renard. Aussi est-elle des plus nettement caractérisées par les bandelettes longitudinales blanchâtres de la tête et du corps. A Batavia elle n'est pas rare. Je vois dans le Catalogue de M. Günther qu'elle habite aussi les Seychelles.

Anyperodon urophthalmus Blkr.

Anyper. corpore oblongo compresso, altitudine $3\frac{4}{5}$ circ. in ejus longitudine absque-, $4\frac{1}{5}$ circ. in ejus longitudine cum pinna caudali; latitudine corporis $2\frac{1}{2}$ fere in ejus altitudine; capite $3\frac{2}{5}$ circ. in longitudine corporis absque-,

3⅙ circ. ın ejus longitudine cum pinna caudali; altitudine capitis 1⅘ circ.-, latitudine capitis 3 circ. in ejus longitudine ; linea rostro-frontali rectiuscula vel convexiuscula ; oculis diametro 4½ ad 4⅔ in longitudine capitis, diametro ⅓ circ. distantibus; linea interoculari convexiuscula ; naribus anterioribus bre-vitubulatis naribus posterioribus rotundiusculis minoribus; rostro squamoso, absque maxilla oculi diametro non vel vix breviore ; osse suborbitali sub oculo pupillae diametro duplo circiter humiliore, squamato; maxilla superiore squa-mulata maxilla inferiore conspicue breviore, post oculum desinente, 2 circ in longitudine capitis; osse intermaxillari dentibus pluriseriatis lateralibus sub-aequalibus, anterioribus seriebus internis ceteris longioribus mobilibus, antice insuper canino parvo; osse inframaxillari dentibus antice pluriseriatis serie interna ceteris longioribus mobilibus; dentibus vomerinis pluriseriatis in vit-tam ∧formem dispositis ; praeoperculo rotundato margine posteriore denticu-lis sat numerosis mediocribus angularibus 2 vel 3 ceteris conspicue majori-bus, inferne denticulis nullis ; suboperculo et interoperculo dentibus conspicuis nullis; operculo spinis 3, inferioribus 2 subaequalibus spina superiore multo majoribus ; linea laterali valde curvata apice curvaturae anterioris spinae dorsi 5⁺ᵉ circ. opposito ; squamis operculo mediis squamis postaxillaribus non ma-joribus; squamis corpore ciliatis angulum aperturae branchialis superiorem inter et basin pinnae caudalis supra lineam lateralem in series 105 ad 110 transversas, infra lineam lateralem in series 100 circ. transversas dispositis ; squamis 65 circ. in serie transversali basin pinnae ventralis inter et pinnam dorsalem, 11 vel 12 lineam lateralem inter et spinam dorsi 5ᵐ vel 6ᵐ ; squa-mis regione scapulo-postaxillari squamis mediis lateribus vix majoribus; cauda parte libera paulo altiore quam longa ; pinna dorsali spinosa spinis medio-cribus, 3ᵃ et 4ᵃ ceteris longioribus 2 circ. in altitudine corporis, membrana inter singulas spinas mediocriter incisa non lobata ; dorsali radiosa obtusa ro-tundata dorsali spinosa non vel vix altiore radiis longissimis 2 circ. in alti-tudine corporis ; pectoralibus capitis parte postoculari longioribus ; ventralibus acutiusculis capitis parte postoculari brevioribus, spina oculo duplo circ. lon-giore ; anali spina media spinis ceteris multo et oculo duplo circiter longiore, parte radiosa obtusa rotundata dorsali radiosa breviore sed non humiliore ; caudali rotundata capitis parte postoculari longiore ; colore corpore carmosino; vittis utroque latere cephalo-caudalibus subaequidistantibus coeruleis et fus-cente-rubris alternantibus violaceo limbatis dorso curvatis lateribus rectis hori-zontalibus; rostro apicem versus utroque latere macula nigricante ; iride rosea margine pupillari aurea ; pinnis aurantiacis vittís vel maculis nullis, caudali tantum basi superne macula rotunda nigra coeruleo annulata.

B. 7. D. 11/15 vel 11/16. P. 2/14. V. 1/5. A. 3/8 vel 3/9. C. 1/15/1 et lat. brev.

Syn. *Serranus urophthalmus* Blkr, Bijdr. ichth. Batoe-eiland, Nat. T. Ned. Ind. VIII p. 311; Günth., Catal. Fish. I p. 155.

Epinephelus urophthalmus Blkr, Atl. ichth. Tab. 290 Perc. tab. 12 fig. 3. Hab. Insul. Batu, in mari.

Longitudo speciminis unici 95''.

Rem. La validité du genre Anyperodon vient d'être confirmée par la belle espèce dont je publie ici une description nouvelle et ou j'avais bien observé autrefois l'absence de canines a la mâchoire inférieure mais dont je ne décrivis pas la dentition palatine. La physionomie de l'urophthalmus ressemble aussi beaucoup à celle du leucogrammicus, la mâchoire inférieure y est autant allongée et l'affinité devient parfaite par une construction analogue des nageoires, par un même système d'ecaillure et par un système de coloration à bandes longitudinales. Les différences entre les deux espèces se trouvent surtout dans l'armure du préopercule et dans les détails des couleurs. Le Serranus lineatus CV. est probablement aussi une espèce d'Anyperodon et fort voisine de l'espèce actuelle, mais à 18 rayons mous à la dorsale et sans tache caudale noire. Le Serranus chlorocephalus CV pourrait bien, lui-aussi, être du même type générique.

CROMILEPTES Swns. = Serranichthys Blkr = Lioperca Gill.

Corpus oblongum compressum squamis parvis non ciliatis vestitum. Caput acutum, vertice, fronte maxillaque inferiore squamatum. Dentes maxillis, vomerini, palatini et pharyngeales pluriseriati acuti, maxillis scriebus internis mobiles ; canini nulli. Praeoperculum leviter denticulatum. Operculum spinis 2 vel 3. Pinnae, dorsalis et analis squamatae, dorsalis elevata indivisa spinis 10 vel 11, analis spinis 3 et radiis 10 vel 11.

Rem. Bien que Swainson établit le nom de Cromileptes, le genre qu'il imagina sous cette dénomination fut plutôt le genre Epinephelus que le genre actuel, auquel je ne conserve le nom que puisque c'est le Serranus altivelis que Swainson enuméra comme la première espèce de son Cromileptes.

15

Moi-même j'avais proposé pour le genre actuel le nom de Serranichthys, et le Serranus inermis CV., sur lequel M. Gill établit le genre Lioperca, me paraît être du même type générique. Le genre se distingue nettement par l'absence de dents canines, par les écailles lisses non ciliées, et par la seule ou double épine de l'opercule. La physionomie des deux espèces connues est fort différente de celle des autres représentants du groupe, tant par le profil concave, que par la hauteur extraordinaire de la dorsale. Le Cromileptes inermis des Indes occidentales est cependant encore fort distinct de l'altivelis, ayant le profil moins concave, la tête moins pointue, onze épines à la dorsale, le corps et les nageoires brunâtres et à petites et larges taches blanchâtres rondes et irrégulières, etc.

Cromileptes altivelis Swns., Nat. Hist. Fish. II p. 201; Blkr, Atl. ichth. Tab. 322 Perc. tab. 44 fig. 3.

Cromil. corpore oblongo compresso, altitudine $2\frac{3}{5}$ ad 3 in ejus longitudine absque-, $3\frac{1}{3}$ ad $3\frac{2}{3}$ in ejus longitudine cum pinna caudali; latitudine corporis $2\frac{1}{2}$ ad $2\frac{3}{4}$ in ejus altitudine; capite acuto 3 fere ad 3 et paulo in longitudine corporis absque-, $3\frac{3}{5}$ ad 4 fere in longitudine corporis cum pinna caudali; altitudine capitis ad nucham $1\frac{2}{5}$ ad $1\frac{3}{5}$-, ad oculos $2\frac{1}{3}$ ad $2\frac{1}{2}$-, latitudine capitis $2\frac{1}{2}$ ad $2\frac{3}{4}$ in ejus longitudine; oculis diametro $4\frac{1}{2}$ ad $5\frac{1}{2}$ in longitudine capitis, diametro $\frac{1}{2}$ ad $\frac{3}{5}$ distantibus; linea rostro-nuchali fronte et vertice valde concava; naribus anterioribus brevitubulatis naribus posterioribus rimaeformibus multo minoribus; rostro squamato, absque maxilla oculi diametro breviore; osse suborbitali squamato, sub oculo pupillae diametro multo humiliore; maxilla superiore maxilla inferiore paulo breviore, sub oculi parte posteriore vel paulo post oculum desinente, $2\frac{2}{3}$ ad 3 fere in longitudine capitis, alepidota; dentibus maxillis seriebus internis seriebus externis paulo majoribus, vomerinis in vittam Λformem-, palatinis utroque latere in vittam gracilem dispositis; praeoperculo rotundato postice tantum dentibus parvis serrato; suboperculo et interoperculo margine libero edentulis vel interoperculo superne tantum denticulis parcis scabro; operculo spinis 2, inferiore superiore longiore; linea laterali valde curvata apice curvaturae anterioris spinae dorsi 6^{ae} opposito; squamis operculo mediis squamis postaxillaribus minoribus; squamis corpore angulum aperturae branchialis superiorem inter et basin pinnae caudalis supra lineam lateralem in series 120 circ. transversas, infra lineam lateralem in series 110 circ. transversas dispositis; squamis 75 circ. in serie transversali basin pinnae ventralis inter et dorsalem, 22 circ. lineam lateralem inter et spinam dorsi 6^m; squamis regione scapulo-postaxillari squamis mediis lateribus non majoribus; cauda parte libera multo altiore quam longa; pinna dorsali spinosa spinis mediocribus postrorsum longitudine accrescentibus postica capite non ad non multo breviore, membrana inter singulas spinas leviter tantum emarginata non lobata; dorsali radiosa dorsali spinosa altiore obtuse rotundata radiis longissimis 1$\frac{1}{3}$ ad 2 in altitudine corporis; pectoralibus obtusis capite non ad non multo brevioribus; ventralibus acutiuscule vel obtusiuscule rotundatis 1$\frac{1}{2}$ ad 2 in longitudine capitis, spina oculo duplo ad minus duplo longiore; anali spina 2^a spina 3^a paulo longiore ad paulo breviore oculo minus ad plus duplo longiore, parte radiosa obtuse rotundata dorsali radiosa breviore sed non humiliore; caudali rotundata capite absque rostro non ad non multo breviore; colore corpore pinnisque junioribus flavescente vel griseo-flavescente aetate provectis fuscescente vel fuscescente-griseo; iride flavescente vel griseo-fuscescente superne frequenter guttulis 2 ad 4 fuscis; capite, corpore pinnisque omnibus guttis vel maculis rotundis fuscis sparsis spatiis intermediis minoribus, junioribus quam aetate provectioribus majoribus et parcioribus; pinnis aetate provectioribus vulgo flavo marginatis.

B. 7. D. 10/18 vel 10/19. P. 2/16. V. 1/5. A. 3/10 vel 3/11. C. 1/15/1 et lat. brev.

Syn. *Serranus altivelis* CV., Poiss. II p. 241, tab. 25; Rich., Ichth. Chin.
Rep. 15^a meet. Brit. Assoc. p. 230; Blkr, Verh. Bat. Gen. XXII
Perc. p. 33; Cant., Catal. Mal. Fish. p. 10; Günth., Cat. Fish. I p. 152.
Serranichthys altivelis Blkr, Act. Soc. Scient. Ind. Neerl. VI, Enum. pisc.
p. 15; Kner, Wiener Denkschr. XXIV p. 1, tab. 1 fig. 1.
Krapo–tikus Mal. Bat.

Hab. Singapura; Pinang; Bintang (Rio); Java (Batavia, Bantam); Duizend-
insul.; Celebes (Macassar, Badjoa); Batjan (Labuha); Amboina; in mari.

Longitudo 7 speciminum 130''' ad 530'''.

Rem. Cette belle espèce habite non seulement l'Inde archipélagique mais a été trouvée aussi près des côtes de Chine et de la Nouvelle-Hollande septentrionale. A Batavia, sans être commune, elle n'est pas rare, mais on n'y en voit jamais que quelques individus à la fois. La largeur et le nombre des taches, ainsi que les proportions des nageoires, varient notablement d'après l'âge des individus.

15*

EPINEPHELUS Bl. = Cephalopholis Bl. Schn. = Labroperca, Mycteroperca, Bodianus, Enneacentrus, Petrometopon, Promicrops, Schistorus, Menephorus Gill. = Prospinus Poey = Priacanthichthys Day? *.

Corpus oblongum compressum squamis parvis ciliatis vel non ciliatis vestitum. Caput vertice, fronte maxillaque inferiore squamatum. Dentes maxillis, vomerini, palatini et pharyngeales pluriseriati acuti, maxillis seriebus internis mobiles, intermaxillares antici ex parte canini. Praeoperculum leviter ad valde serratum. Operculum spinis 3 vel 2. Pinnae dorsalis et analis squamatae, dorsalis spinis 9 vel 11, analis spinis 3.

Rem. Jusqu'à mes recherches on ne connaissait qu'une dizaine d'espèces insulindiennes du genre actuel. Depuis l'an 1848 ce nombre s'est accru, presque exclusivement par mes investigations, à plus de quarante. J'en possède maintenant 43 moi-même, la plupart représentées par plusieurs individus. Toutes ces espèces ont été soumises à un nouvel examen et décrites de nouveau. En général elles sont fort bien reconnaissables par les détails du système de coloration, mais souvent on ne voit plus ces détails sur des individus longtemps conservés dans la liqueur. Plusieurs des autres caractères, employés pour la distinction des espèces, ne sont que d'une valeur relative. La force relative des dents canines, l'écaillure du museau et de la mâchoire supérieure, la forme et l'armure du bord postérieur du préopercule, la longueur relative du museau et de l'oeil, la force des épines operculaires, etc. sont sujettes à des variations dépendantes de l'âge des individus et le nombre des rayons de la dorsale molle n'est même point non plus constant dans une même espèce.

On trouve des caractères d'une valeur plus essentielle dans la formule des écailles. Ces formules sont indépendantes de l'âge des individus. L'écaillure a aussi l'avantage d'être moins sujette à des dégâts par une conservation prolongée et d'être par conséquent d'une application facile même sur des in-

---

* M. Day a établi son genre Priacanthichthys sur une espèce, remarquable par une forte épine préoperculaire dentelée et par une épine ventrale dentelée sur son bord interne ; — or, il mérite d'être noté que les individus à la disposition de M. Day n'avaient qu'une longueur de „ 1$\frac{6}{10}$ to 1$\frac{7}{10}$ inch." et que plusieurs espèces d'Epinephelus ont, dans le très-jeune âge, une épine préoperculaire analogue et relativement forte. La dentelure du bord interne de l'épine ventrale pourrait bien, elle-aussi, n'exister que dans les individus du très-jeune âge.

dividus de collections fort anciennes. — J'ai eu soin autrefois, en décrivant les espèces du genre, à donner le nombre des écailles sur une rangée longitudinale du milieu des flancs, mais cette manière de compter donne des résultats moins surs. Dans les descriptions qui vont suivre j'ai dressé les formules en comptant les rangées transversales d'écailles (tant celles au-dessus que celles au-dessous de la ligne latérale) qui se trouvent entre l'angle supérieur de l'orifice branchial et la base de la caudale. Les rangées longitudinales d'écailles sont toujours prises entre la base de la ventrale et de la dorsale et j'ai en outre donné le nombre des écailles sur une rangée transversale entre le sommet de la courbure antérieure de la ligne latérale et l'épine dorsale correspondante. On verra par l'exposé diagnostique qui va suivre qu'en effet ces formules facilitent beaucoup la détermination précise des espèces. Je note encore que la même manière de compter les écailles a été suivie pour les espèces des autres genres décrites dans ce mémoire.

1. Bord inférieur du préopercule sans épines dirigées en bas ou en avant. Dorsale non ou peu échancrée, sans épines prolongées. Dorsale molle et anale molle arrondies.

   I. Neuf épines dorsales, les sept postérieures environ d'égale longueur. Canines aux deux mâchoires. Préopercule arrondi à denticulation faible. Caudale convexe ou arrondie.

     A. Environ 130 rangées transversales d'écailles au-dessus, 120 au-dessous de la ligne latérale. 55 écailles sur une rangée transversale, 14 ou 15 entre la ligne latérale et la sixième épine dorsale. 2e et 3e épines anales d'égale longueur.

      a. Corps brun-olivâtre, la tête à gouttelettes jaunâtres ou violâtres, le trone à gouttes brunes. Nageoires brunes ou noirâtres, la pectorale et la caudale bordées de jaune.

        1. *Epinephelus nigripinnis* Blkr.

     B. 90 à 110 rangées transversales d'écailles au-dessus, 80 à 105 au-dessous de la ligne latérale. 45 à 55 écailles sur une rangée transversale.

      a. 110 rangées transversales d'écailles au-dessus, 105 au-dessous de la ligne latérale. 55 écailles sur une rangée transversale, 11 ou 12 entre la ligne latérale et la 6e épine dorsale. Corps et nageoires roses sans taches. La dorsale molle, l'anale molle et la caudale à large bordure pourpre.

        2. *Epinephelus janthinopterus* Blkr.

      b. 105 rangées transversales d'écailles au-dessus-, 95 au-dessous de la ligne latérale. 50 écailles sur une rangée transversale, 8 à 10 écailles entre la ligne latérale et la 6e ou 7e épine dorsale. Hauteur de la tête 1 à 1¼ fois dans sa longueur. Corps et nageoires roses, la tête et la nuque à petites goutte-lettes bleuâtres ou pourpres.

3. *Epinephelus aurantius* Blkr.

c. 100 rangées transversales d'écailles au-dessus-, 95 au-dessous de la ligne laté-rale. 50 écailles sur une rangée transversale, 8 ou 9 entre la ligne latérale et la 6e ou 7e épine dorsale. Hauteur de la tête 1½ fois dans sa longueur. Corps et nageoires roses; la tête, le corps et les nageoires impaires à goütte-lettes pourpres.

4. *Epinephelus miltostigma* Blkr.

d. 90 à 95 rangées transversales d'écailles au-dessus-, 85 à 90 au-dessous de la ligne latérale. 40 écailles sur une rangée transversale, 8 entre la ligne laté-rale et la 6e épine dorsale. Corps et nageoires roses sans taches; l'anale à liseré noirâtre.

5. *Epinephelus analis* Blkr.

e. 90 rangées transversales d'écailles au-dessus-, 85 au-dessous de la ligne laté-rale. 45 écailles sur une rangée transversale, 8 ou 9 entre la ligne latérale et la 6e ou 7e épine dorsale. Corps et nageoires brunâtres.
 aa. Tête, nuque et partie antérieure du dos à de nombreux petits ocelles bleus cerclés de noirâtre. Base des écailles du trone à tache noire.

6. *Epinephelus microprion* Blkr.

bb. Tête et trone sans taches ni ocelles. Nageoires impaires bordées de jaune.

7. *Epinephelus boelang* Blkr.

f. 100 rangées transversales d'écailles au-dessus-, 95 au-dessous de la ligne laté-rale. 9 ou 10 écailles sur une rangée transversale entre la ligne latérale et la 6e ou 7e épine dorsale.
 aa. Corps et nageoires rouges. Queue et base et milieu de la caudale brun-violet. Corps et nageoires impaires semées de points bleus. Profil droit ou convexe. P. 2/16 ou 2/17. 45 écailles sur une rangée transversale.

8. *Epinephelus urodetus* Blkr.

bb. Corps et nageoires rouges ou brunes. Corps à ocelles bleus cerclés de bleu plus profond ou de noirâtre. 50 écailles sur une rangée transversale.

† Profil droit ou concave. Corps rouge.

     δ Museau à écaillure rare ou nulle. P. 2/16. Nageoires dorsale, anale et caudale à ocelles bleus, les pectorales et les ventrales sans ocelles.

         9. *Epinephelus miniatus* Blkr.

     δ″Museau entièrement couvert d'écailles. P. 2/14 ou 2/15. Toutes les nageoires à ocelles bleus.

         10. *Epinephelus cyanostigma* Blkr.

    †' Profil convexe. Corps brun. Museau plus ou moins squammeux. P .2/16 ou 2/17. Toutes les nageoires à ocelles bleus.

         11. *Epinephelus argus* Bl. Schn.

g. 95 à 100 rangées transversales d'écailles au-dessus-, 90 au-dessous de la ligne latérale. 50 écailles sur une rangée transversale, 10 entre la ligne latérale et la 6ᵉ épine dorsale. Ecailles postscapulaires beaucoup plus grandes que celles du milieu du trone. Corps et nageoires rouges. Tête, corps et nageoires impaires à bandelettes longitudinales bleues.

         12. *Epinephelus formosus* Blkr.

h. 70 à 80 rangées transversales d'écailles au-dessus-, 65 à 70 au-dessous de la ligne latérale. 35 écailles sur une rangée transversale, 5 ou 6 entre la ligne latérale et la 6ᵉ épine dorsale. Corps et nageoires rougeâtres. Tête à gouttelettes brunâtres. Dos de la queue à tache noirâtre. Partie postérieure de la caudale à bande transversale semilunaire noire.

         13. *Epinephelus leopardus* Blkr.

II. Onze épines dorsales. A. 3/8 ou 3/9. Bord inférieur du préopercule sans épines.
    A. 130 à 140 rangées transversales d'écailles au-dessus-, 120 à 130 au-dessous de la ligne latérale. Caudale tronquée ou peu convexe. Canines aux deux mâchoires. Préopercule à dents angulaires beaucoup plus grandes que les autres. 2ᵉ épine anale pas plus longue que la 3ᵉ. Les 3ᵉ, 4ᵉ et 5ᵉ épines dorsales plus longues que les suivantes. Ecailles ciliées.
      a. 140 rangées transversales d'écailles au-dessus-, 130 au-dessous de la ligne latérale. 90 écailles sur une rangée transversale, 23 entre la ligne latérale et la

5ᵉ ou 6ᵉ épine dorsale. Corps violâtre. Tête, tronc et nageoires semées de points ou de gouttelettes noirâtres, celles du corps réunies en partie en petites bandelettes longitudinales dans le jeune âge. D. 11/15 à 11/17. P. 2/17.

14.   *Epinephelus Hoedti* Blkr.

b. 130 rangées transversales d'écailles au-dessus, 120 au-dessous de la ligne latérale.
   aa. 80 écailles sur une rangée transversale, 20 entre la ligne latérale et la 5ᵉ ou 6ᵉ épine dorsale. Nageoires sans taches.
   † Membrane dorsale peu échancrée. Caudale tronquée. D. 11/17 à 11/19. P. 2/16 ou 2/17. Corps brunâtre à environ 12 stries ou bandelettes longitudinales ondulées et obliques noirâtres.

15.   *Epinephelus undulosus* Blkr.

   †′ Membrane dorsale profondément échancrée. Caudale un peu convexe. D. 11/16 ou 11/17. P. 2/18. Corps rougeâtre à sept. larges bandes transversales brunes bordées de gouttelettes noirâtres. Moitié basale de la caudale à large bande transversale brune.

16.   *Epinephelus amblycephalus* Blkr.

   bb. 70 à 75 écailles sur une rangée transversale, 15 entre la ligne latérale et la 8ᵉ épine dorsale. Membrane dorsale profondément échancrée. Caudale tronquée. D. 11/16 ou 11/17. P. 2/16. Corps et nageoires d'un brun-rougeâtre divisé en cellules hexagonales par un réseau fin nacré ou bleuâtre.

17.   *Epinephelus Waandersi* Blkr.

B. 100 à 115 rangées transversales d'écailles au-dessus-, 96 à 110 au-dessous de la ligne latérale. 60 écailles sur une rangée transversale, 12 à 15 entre la ligne latérale et la 6ᵉ ou 7ᵉ épine dorsale. Membrane dorsale profondément échancrée à 3ᵉ, 4ᵉ et 5ᵉ épines plus longues que les suivantes. Caudale tronquée. 2ᵉ et 3ᵉ épines anales presque égales. Corps brunâtre ou rougeâtre à taches rousses et rondes. D. 11/16 à 11/18. P. 2/15 ou 2/16. Écailles ciliées.
   a. Caudale un peu concave à angles pointus et plus ou moins prolongés. Taches du corps plus grandes que les interstices. Toutes les nageoires tachetées; la dorsale molle et la caudale bordées de jaune.

18.   *Epinephelus celebicus* Blkr.

b. Caudale simplement tronquée plus convexe que concave à angles non prolongés. Les taches du corps plus petits que les interstices. Pectorale jaune et moitié inférieure de la caudale violette sans taches.

19. Epinephelus variolosus Blkr.

C. 85 à 110 rangées transversales d'écailles au-dessus-, 80 à 100 au-dessous de la ligne latérale. 45 à 65 écailles sur une rangée transversale, 10 à 15 entre la ligne latérale et la 6e épine dorsale. Caudale convexe ou arrondie.

a. Ecailles lisses non ciliées. Front large. Yeux distants de $\frac{2}{3}$ jusqu'à $1\frac{1}{2}$ de leur diamètre. Canines aux deux mâchoires. 100 rangées transversales d'écailles au-dessus-, 95 au-dessous de la ligne latérale. 65 écailles sur une rangée transversale. Caudale arrondie. D. 11/14 à 11/16. P. 2/17 ou 2/18. Corps jaune à cinq larges bandes transversales irregulières noirâtres. Nageoires jaunes, la dorsale molle et la caudale tachetées de noirâtre.

20. Epinephelus lanceolatus Blkr.

b. Ecailles ciliées dans l'âge peu avancé.

aa. Corps à taches noirâtres ou brunâtres.

† Taches rondes ou arrondies, couvrant aussi les nageoires impaires.

‌ 100 à 110 rangées transversales d'écailles au-dessus-, 95 à 100 au-dessous de la ligne latérale. 60 à 65 écailles sur une rangée transversale.

♀ 3e, 4e et 5e épines dorsales beaucoup plus longues que les épines postérieures et que les rayons les plus longs de la dorsale molle. Caudale convexe mais très peu arrondie. Taches du corps rondes dans les jeunes et rondes ou oblongues dans les plus âges, plus petits que les interstices. Jeunes à larges taches blanchâtres ou bleuâtres D. 11/16 à 11/18. P. 2/16 ou 2/17.

21. Epinephelus maculatus Blkr.

♀′ 4e, 5e et 6e épines dorsales un peu seulement plus longues que les suivantes. Dorsale molle plus haute que la dorsale épineuse. Caudale arrondie. Taches du corps rousses, aussi grandes ou plus grandes que les interstices. Les jeunes sans taches blanchâtres. D. 11/15 ou 11/16. P. 2/17 ou 2/18.

22. Epinephelus pantherinus Blkr.

♀″ Les neuf épines dorsales postérieures d'environ égale longueur. Partie molle de la dorsale plus haute que la partie épineuse. Caudale ar-

16

rondie. Taches du corps brunes, plus grandes que les interstices. Mâchoires, pectorales et dorsale épineuse à bandelettes transversales ou obliques brunes. D. 11/14 ou 11/15. P. 2/17.

23. *Epinephelus Janseni* Blkr.

♂′ 85 à 95 rangées transversales d'écailles au-dessus-, 80 à 90 au-dessous de la ligne latérale. 50 à 55 écailles sur une rangée transversale. Caudale arrondie.

♀ 95 rangées transversales d'écailles au-dessus de la ligne latérale. 3e, 4e et 5e épines dorsales plus longues que les suivantes. Toutes les nageoires tachetées.

♂ Profil convexe. Dorsale molle pas plus haute que la dorsale épineuse. 80 rangées transversales d'écailles au-dessous de la ligne latérale. Taches brunes ou noirâtres rondes, grandes, peu nombreuses; celles du tronc plus grandes que les interstices et au nombre d'environ 8 sur une rangée longitudinale et de 4 sur une rangée transversale. D. 11/17 ou 11/18. P. 2/17.

24. *Epinephelus macrospilus* Blkr.

♂′ Profil droit ou concave. Dorsale molle plus haute que la dorsale épineuse. 85 à 90 rangées transversales d'écailles au-dessous de la ligne latérale. Taches du corps et des nageoires brunes, rondes, nombreuses, mais beaucoup plus petites que les interstices. D. 11/15 à 11/17. P. 2/16 ou 2/17.

25. *Epinephelus corallicola* Blkr.

♀′ 85 rangées transversales d'écailles au-dessus-, 80 au-dessous de la ligne latérale. Les neuf épines dorsales postérieures d'égale longueur. Gouttelettes brunes assez nombreuses, plus petites que les interstices. Nageoires paires sans taches. D. 11/17 ou 11/18. P. 2/17.

26. *Epinephelus bontoides* Blkr.

†′ Taches anguleuses, la plupart hexagones, fort rapprochées les unes des autres et séparées seulement par un réseau bleuâtre ou jaunâtre. Caudale arrondie.

♂ 105 à 110 rangées transversales d'écailles au-dessus, 95 à 100 au-dessous de la ligne latérale. Profil convexe. Pectorales de la longueur de la partie postoculaire de la tête. Taches anguleuses couvrant toutes les nageoires. D. 11/15 à 11/17. P. 2/16.

27. *Epinephelus stellans* Blkr.

♂' 85 à 90 rangées transversales d'écailles au-dessus-, 80 à 85 au-dessous de la ligne latérale.

♀ Profil droit ou quelque peu convexe. Pectorales plus longues que la partie postoculaire de la tête, mais plus courtes que la tête sans le museau. Taches anguleuses couvrant toutes les nageoires, celles du dos souvent réunies en larges bandes transversales ou en larges taches rondes. D. 11/14 à 11/17. P. 2/14 à 2/16.

28. *Epinephelus merra* Bl.

♀' Profil convexe. Pectorales plus longues que la tête sans le museau. Les taches du ventre et des nageoires en grande partie arrondies et séparées par des interstices assez larges. D. 11/17 ou 11/18. P. 2/15 ou 2/16.

29. *Epinephelus Gilberti* Blkr.

bb. Corps à gouttelettes mixtes brunes et jaunes ou brunes et nacrées ou blanches. Caudale convexe ou arrondie.

† Gouttelettes brunes et oranges couvrant le corps et gouttelettes brunes couvrant toutes les nageoires. Corps en outre à nuages ou larges taches irrégulières brunes. 3e, 4e et 5e épines dorsales plus longues que les suivantes. Armure préoperculaire angulaire faible. Dorsale molle plus haute que la dorsale épineuse. D. 11/14 à 11/16.

♂ 105 rangées transversales d'écailles au-dessus, 95 au-dessous de la ligne latérale. 65 écailles sur une rangée transversale, 16 à 18 entre la ligne latérale et la 5e ou 6e épine dorsale. Canines aux deux mâchoires. Profil concave. Membrane dorsale profondément échancrée. Nuages du corps bordés plus ou moins de gouttelettes noirâtres. Les gouttelettes du corps plus petites que les interstices. Dos de la queue à large tache noirâtre. P. 2/17. D. 11/14 ou 11/15.

30. *Epinephelus fuscoguttatus* Blkr.

♂' 100 rangées transversales d'écailles au-dessus-, 90 à 95 au-dessous de la ligne latérale. 60 écailles sur une rangée transversale, 15 entre la

16*

ligne latérale et la 6e épine dorsales. Canines inframaxillares nulles, intermaxillaires rudimentaires. Profil convexe. Membrane dorsale profondément échancrée. Les gouttelettes du corps et des nageoires fort nombreuses et de la largeur environ des interstices. P. 2/15. D. 11/14 ou 11/15.

31. *Epinephelus microdon* Blkr.

♂‴ 95 rangées longitudinales d'écailles au-dessus-, 90 au-dessous de la ligne latérale. 65 écailles sur une rangée transversale, 16 entre la ligne latérale et la 6e épine dorsale. Profil convexe. Canines aux deux mâchoires rudimentaires. Membrane dorsale peu échancrée. Gouttelettes du corps et des nageoires nombreuses et beaucoup plus petites que les interstices. P. 2/15. D. 11/15 ou 11/16.

32. *Epinephelus polyphekadion* Blkr.

♂‴90 à 95 rangées transversales d'écailles au-dessus-, 85 au-dessous de la ligne latérale. 55 écailles sur une rangée transversale, 12 à 14 entre la ligne latérale et la 6e épine dorsale. Profil convexe. Canines aux deux mâchoires. Membrane dorsale profondément échancrée. Gouttelettes nombreuses, la plupart un peu plus petites que les interstices. Dos de la queue à large tache noirâtre. P. 2/14. D. 11/14 ou 11/15.

33. *Epinephelus Goldmani* Blkr.

†′ Gouttelettes noires ou brunes et nacrées ou jaunâtres plus petites que les interstices. Corps en outre à six larges bandes transversales brunes, souvent diffuses. Dorsale molle plus haute que la dorsale épineuse. D. 11/15 à 11/17. P. 2/15 à 2/17.

♀ 110 rangées transversales d'écailles au-dessus-, 95 à 105 au-dessous de la ligne latérale. 65 écailles sur une rangée transversale, 13 à 15 entre la ligne latérale et la 5e ou la 6e épine dorsale. Profil droit ou un peu convexe. Angle du préopercule sans fortes épines divergentes. Les neuf épines dorsales postérieures d'égale longueur. Nageoires paires tachetées. D. 11/15 ou 11/17. P. 2/16 ou 2/17.

34. *Epinephelus polypodophilus* Blkr.

♀′ 85 à 93 rangées transversales d'écailles au-dessus-, 80 à 85 au-dessous de la ligne latérale. 50 à 55 écailles sur une rangée transversale, 12 ou 13 entre la ligne latérale et la 6e ou 7e épine dorsale. Profil

convexe. Angle du préopercule à deux jusqu'à quatre épines assez
fortes et divergentes. Les 3e, 4e, 5e et 6e épines dorsales plus longues que les suivantes. Nageoires paires sans taches. D. 11/15 ou
11/16. P. 2/15 à 2/17.

35. *Epinephelus sexfasciatus* Blkr.

cc. Corps à ocelles ou à points nacrés ou bleuâtres. Caudale convexe ou arrondie. Membrane dorsale profondément échancrée. Les 3e, 4e et 5e épines
dorsales plus longues que les suivantes.
† Points nacrés occupant, à l'âge un peu avancé, chacun la base d'une
écaille du tronc. 85 à 90 rangées transversales d'écailles au-dessus, 80
à 85 au-dessous de la ligne latérale. Canines aux deux mâchoires.
♭ Caudale arrondie. Profil droit. Yeux 4 à 5 fois dans la longueur de
la tête. Les plus longues épines dorsales 2¼ à 2¾ fois dans la hauteur du corps. Membrane dorsale sans lobules. 60 à 65 écailles sur
une rangée transversale, 13 ou 14 entre la ligne latérale et la 6e
épine dorsale. D. 11/15 ou 11/16. P. 2/15.

36. *Epinephelus summana* Blkr.

♭' Caudale peu convexe. Profil convexe. Yeux 3½ à presque 4 fois dans
la longueur de la tête. Membrane dorsale à lobule libre derrière chaque épine. 55 écailles sur une rangée transversale, 12 entre la ligne
latérale et la 4e ou 5e épine dorsale. Les plus longues épines dorsales
2 fois dans la hauteur du corps. D. 11/17 ou 11/18. P. 2/15 ou 2/16.

37. *Epinephelus rhyncholepis* Blkr.

†' Ocelles nacrés ou jaunâtres, occupant chacun plusieurs écailles. Caudale
arrondie. 55 à 60 écailles sur une rangée transversale. Membrane dorsale sans lobules.
♭ 100 rangées transversales d'écailles au-dessus., 90 au-dessous de la ligne
latérale. 12 écailles entre la ligne latérale et la 6e ou 7e épine dorsale. Corps et nageoires brun-violet partout semées d'ocelles bleus la
plupart aussi grands ou plus grands que les interstices. D. 11/15 ou
11/16. P. 2/14.

38. *Epinephelus coeruleopunctatus* Blkr.

♭' 90 à 95 rangées transversales d'écailles au-dessus-, 80 à 90 au-dessous
de la ligne latérale. 13 à 15 écailles entre la ligne latérale et la 6e
ou 7e épine dorsale. Corps brunâtre.

♀ Profil droit ou concave. Hauteur de la tête $1\frac{2}{5}$ à $1\frac{3}{4}$ fois dans sa longueur. 55 écailles sur une rangée transversale. Ocelles grands, peu nombreux, blanchâtres et cerclés de noirâtre dans les jeunes; plus nombreux, inégaux et jaunâtres dans l'adolescence; fort nombreux, irréguliers et plus ou moins diffus dans les adultes. Dos des adultes à larges nuages bruns. D. 11/16 ou 11/17. P. 2/14 à 2/16.

39.   *Epinephelus Hoevenii* Blkr.

♀' Profil convexe. Hauteur de la tête $1\frac{1}{2}$ à $1\frac{2}{5}$ fois dans sa longueur. 60 écailles sur une rangée transversale. Gouttelettes jaunâtres ou grisâtres, plus grandes que les interstices, nombreuses, celles du corps en grande partie contiguës ou confluentes et formant des bandelettes longitudinales ondulées et obliques. D. 11/15 ou 11/16. P. 2/13 ou 2/14.

40.   *Epinephelus ongus* Blkr.

dd. Corps et nageoires rouges, à réseau bleu. Nageoires molles à gouttelettes brunes peu nombreuses, ceux de la dorsale molle unisériales.
   † 98 rangées transversales d'écailles au-dessus-, 95 au-dessous de la ligne latérale; 55 écailles sur une rangée transversale; 10 à 12 entre la ligne latérale et la 7e épine dorsale. Les 3e, 4e et 5e épines dorsales beaucoup plus longues que les postérieures. Caudale peu convexe. Canines petites. D. 11/17 ou 11/18. P. 2/15.

41.   *Epinephelus dictyophorus* Blkr.

ee. Corps et nageoires brunâtres nuagées de brun plus foncé, sans taches ni ocelles.
   † 100 à 105 rangées transversales d'écailles au-dessus, 85 au-dessous de la ligne latérale. 60 écailles sur une rangée transversale, 14 à 16 entre la ligne latérale et la 6e épine dorsale. Les neuf épines dorsales postérieures d'égale longueur. Caudale arrondie. Canines petites. D. 11/16 à 11/18. P. 2/15 ou 2/16.

42.   *Epinephelus nebulosus* Blkr.

ff. Corps et nageoires rouges sans taches ni ocelles, la dorsale épineuse à large bordure noire. Corps à larges bandes transversales plus foncées ou nulles.
   † 92 à 98 rangées transversales d'écailles au-dessus-, 84 à 92 au-dessous de la ligne latérale. 55 écailles sur une rangée transversale, 12 à 14 en-

tre la ligne latérale et la 6e épine dorsale. 4e, 5e et 6e épines dorsales plus longues que les suivantes. Caudale arrondie. Canines petites. D 11/15 à 11/18. P. 2/16.

43. *Epinephelus fasciatus* Blkr.

Epinephelus nigripinnis Blkr, Atl. ichth. Tab. 284 Perc. tab. 6 fig. 2.

Epin. corpore oblongo compresso altitudine $2\frac{3}{4}$ circ. in longitudine absque-, $3\frac{1}{5}$ ad $3\frac{2}{5}$ in ejus longitudine cum pinna caudali; latitudine corporis $2\frac{1}{4}$ circ. in ejus altitudine; capite $2\frac{3}{4}$ circ. in longitudine corporis absque-, $3\frac{2}{5}$ circ. in longitudine corporis cum pinna caudali; altitudine capitis $1\frac{1}{4}$ circ., latitudine capitis $2\frac{1}{3}$ circ. in ejus longitudine; oculis diametro 5 fere in longitudine capitis, diametro $\frac{2}{3}$ ad $\frac{3}{4}$ distantibus; linea rostro-frontali recta vel concaviuscula; rostro alepidoto; osse suborbitali squamato; maxilla superiore vix post oculum desinente, postice squamulis bene conspicuis; dentibus caninis utraque maxilla utroque latere 2 vel 1 mediocribus intermaxillaribus inframaxillaribus vix majoribus; praeoperculo obtusangulo margine posteriore leviter denticulato, denticulis angularibus ceteris vix majoribus; suboperculo interoperculoque margine libero scabriusculis; operculo spinis 3, spina media ceteris subaequalibus longiore; linea laterali antice valde curvata apice curvaturae anterioris spinae dorsi 6ae opposito; squamis corpore angulum aperturae branchialis superiorem inter et basin pinnae caudalis supra lineam lateralem in series 130 circ. transversas, infra lineam lateralem in series 120 circ. transversas dispositis; squamis 55 circ. in serie transversali basin pinnae ventralis inter et pinnam dorsalem, 14 vel 15 lineam lateralem inter et spinam dorsi 6ae, squamis regione scapulo-postaxillari squamis mediis lateribus non majoribus; cauda parte libera breviore quam postice alta; pinna dorsali spinosa spinis mediocribus 1a et 2a ceteris brevioribus, sequentibus postrorsum longitudine vix acerescentibus, posticis 3 circ. in altitudine corporis, membrana inter singulas spinas profunde incisa non lobata; dorsali radiosa dorsali spinosa altiore radiis longissimis 2 circ. in altitudine corporis; pectoralibus capite absque rostro non ad paulo longioribus; ventralibus acutiuscule rotundatis et caudali convexa angulis rotundata capite absque rostro brevioribus; anali spinis 2a et 3a subaequalibus oculo minus duplo longioribus, parte radiosa dorsali radiosa non humiliore ; colore corpore superne umbrino-viridi vel fuscescente-olivaceo, inferne viridescente-aurantiaco; iride rubra margine pupillari aurea ; capite dorsoque antice guttulis confertis flavescentibus vel rubro-violaceis; lateribus caudaque guttis majoribus sparsis fuscis; pinnis dorsali et anali umbrino- vel aurantiaco-fuscis marginem liberum versus profunde fuscis vel nigricante-violaceis; pinnis ceteris fuscis vel fusco-violaceis, pectoralibus et caudali flavo marginatis; dorsali radiosa caudalique guttulis flavescentibus. B. 7. D. 9/15 vel 9/16. P. 2/17. V. 1/5. A. 3/9 vel 3/10. G. 1/15/1 et lat. brev.

Syn. *Serranus nigripinnis* CV., Poiss. II p. 253?, Blkr, Derde bijdr. ichth. Batjan, Nat. T. Ned. Ind. IX p. 500; Günth., Cat. Fish. I p. 118.

Serranus erythraeus CV., Poiss. VI p. 388 ; Günth., Cat. Fish. I p. 116 ; Playf. Günth., Fish. Zanzib. p. 2, tab. 1 fig. 1 ?

Hab. Sumatra (Padang) ; Batjan (Labuha); in mari.

Longitudo 2 speciminum 169''' et 180'''.

Rem. Parmi les treize espèces d'Epinephelus à neuf épines dorsales de l'Inde archipélagique, le nigripinnis se fait aisément reconnaître par les nombreuses rangées d'écailles transversales et longitudinales au-dessus et au-dessous de la ligne latérale. Dans aucune des autres espèces le nombre des rangées transversales d'écailles ne va à plus de 110 au-dessus et à plus de 105 au-dessous de la ligne latérale. La seule espèce extra-archipélagique qui paraît avoir une formule d'écaillure correspondante est celle que M.M. Günther et Playfair ont décrite et fait figurer sous le nom de Serranus erythraeus. L'erythraeus ne se distingue guère du reste du nigripinnis que par l'absence de taches sur la tête et sur le corps et par la dorsale dont les épines et les rayons sont plus courts.

Il n'est connu d'autre patrie jusqu'ici de l'espèce actuelle que les mers de Sumatra et de Batjan.

Epinephelus janthinopterus Blkr.

Epin. corpore oblongo compresso, altitudine 3 circ. in ejus longitudine absque-, 3⅘ circ. in ejus longitudine cum pinna caudali ; latitudine corporis 2 et paulo in ejus altitudine ; capite 3 circ. in longitudine corporis absque-, 3⅔ circ. in longitudine corporis cum pinna caudali; altitudine capitis 1⅓ circ.-, latitudine capitis 2 et paulo in ejus longitudine; oculis diametro 4½ circ. in

longitudine capitis, diametro $\frac{3}{4}$ circ. distantibus ; rostro alepidoto ; osse suborbitali majore parte squamato ; maxilla superiore post oculum desinente postice
superne squamulata ; dentibus caninis utraque maxilla utroque latere antice 2
vel 1 curvatis, intermaxillaribus inframaxillaribus vix majoribus ; praeoperculo
rotundato margine posteriore denticulis numerosis parum conspicuis, angularibus ceteris vix majoribus ; suboperculo interoperculoque margine libero ex
parte scabris ; operculo spinis 3 media ceteris subaequalibus longiore ; linea
laterali antice valde curvata apice curvaturae anterioris spinae dorsi 6^{ae} opposito ; squamis corpore ciliatis, angulum aperturae branchialis superiorem inter
et basin pinnae caudalis supra lineam lateralem in series 110 circ. transversas, infra lineam lateralem in series 105 circ. transversas dispositis ; squamis
55 circ. in serie transversali basin pinnae ventralis inter et pinnam dorsalem,
11 vel 12 lineam lateralem inter et spinam dorsi 6^m ; squamis regione scapulo-postaxillari squamis mediis lateribus non majoribus ; cauda parte libera
aeque longa circ. ac alta ; pinna dorsali spinis mediocribus, spinis 2 anterioribus ceteris brevioribus, spinis sequentibus postrorsum longitudine paulo
accrescentibus posticis 2$\frac{1}{3}$ ad 2$\frac{1}{4}$ in altitudine corporis, membrana inter
singulas spinas profunde incisa non lobata ; dorsali radiosa dorsali spinosa
altiore radiis longissimis 1$\frac{3}{4}$ circ. in altitudine corporis ; pectoralibus capite absque rostro vix longioribus ; ventralibus acute rotundatis et caudali
obtuse rotundata capite absque rostro brevioribus ; anali spina media ceteris longiore et fortiore oculo duplo fere longiore, parte radiosa dorsali radiosa altiore ; colore corpore pinnisque roseo ; iride rubescente ? ; pinnis dorsali radiosa et anali radiosa et caudali postice marginem liberum versus late
purpureis.
B. 9. D. 9/15 vel 9/16. P. 2/17. V. 1/5. A. 3/9 vel 3/10. C. 1/15/1 et lat. brev.
Hab. Celebes (Macassar), in mari.
Longitudo speciminis descripti 190$'''$.

Rem. La janthinuropterus est fort voisin du nigripinnis et de l'aurantius ;
du premier par ses formes et par la large bordure violette des nageoires impaires ; de l'aurantius par les couleurs du corps et par la formule des écailles. Il se fait aisément distinguer par l'absence de taches ou de gouttelettes
tant sur la tête et le corps que sur les nageoires, mais il est surtout reconnaissable à la formule des écailles sav. 110 rangées transversales au-
dessus, 105 au-dessous de la ligne latérale ; 55 écailles sur une rangée trans-

versale, et 11 ou 12 écailles sur une rangée entre la ligne latérale et la sixième épine dorsale; formule intermédiaire entre celles des Epinephelus nigripinnis et aurantius.

Epinephelus aurantius Blkr, Onz. not. ichth. Ternate, Ned. T. Dierk. I p. 252; Atl. ichth. Tab. 298, Perc. tab. 20 fig. 3.

Epineph. corpore oblongo compresso altitudine $2\frac{3}{4}$ ad 3 circ. in ejus longitudine absque-, $3\frac{1}{2}$ ad $3\frac{3}{4}$ in ejus longitudine cum pinna caudali; latitudine corporis $1\frac{4}{5}$ circ. in ejus altitudine; capite $2\frac{3}{4}$ ad 3 in longitudine corporis absque-, $3\frac{2}{3}$ ad $3\frac{3}{4}$ in longitudine corporis cum pinna caudali; altitudine capitis vix plus quam 1 ad $1\frac{1}{4}$-, latitudine capitis 2 ad 2 et paulo in ejus longitudine; oculis diametro $4\frac{1}{3}$ ad 6 fere in longitudine capitis, diametro $\frac{2}{3}$ ad 1 fere distantibus; linea rostro-frontali rectiuscula vel concaviuscula; rostro alepidoto; osse suborbitali magna parte squamato; maxilla superiore post oculum desinente, postice squamulis parum conspicuis vel nullis; dentibus caninis utraque maxilla utroque latere antice 2 vel 1 curvatis, intermaxillaribus inframaxillaribus conspicue ad non majoribus; praeoperculo rotundato, margine posteriore denticulis numerosis parum conspicuis angularibus ceteris non majoribus; suboperculo interoperculoque leviter denticulatis; operculo spinis 3, media ceteris subaequalibus longiore; linea laterali antice valde curvata apice curvaturae anterioris spinae dorsi 6^{ae} vel 7^{ae} opposito; squamis corpore ciliatis, angulum aperturae branchialis superiorem inter et basin pinnae caudalis supra lineam lateralem in series 100 ad 105 transversas, infra lineam lateralem in series 95 circ. transversas dispositis; squamis 50 circ. in serie transversali basin pinnae ventralis inter et pinnam dorsalem, 8 ad 10 lineam lateralem inter et spinam dorsi 6^{m} vel 7^{m}; squamis regione scapulo-postaxillari squamis mediis lateribus conspicue majoribus; cauda parte libera vix ad sat multo breviore quam postice alta; pinna dorsali spinosa spinis crassis validis, anterioribus 2 ceteris brevioribus, sequentibus postrorsum longitudine vix accrescentibus posticis $2\frac{1}{4}$ ad $3\frac{1}{3}$ circ. in altitudine corporis, membrana inter singulas spinas profunde incisa non lobata; dorsali radiosa dorsali spinosa altiore, radiis longissimis $1\frac{3}{4}$ ad $2\frac{1}{3}$ in altitudine corporis; pectoralibus obtusis, ventralibus acutiuscule rotundatis et caudali rotundata capite absque rostro brevioribus; anali spina media ceteris fortiore et longiore oculo minus duplo ad duplo circ. longiore, parte radiosa dorsali radiosa non humiliore ; colore corpore pinnisque roseo-carmosino ; iride rubra margine pupillari flava ; capite dorsoque antice guttulis vel punctis coeruleis vel purpureis ; pinnis roseis, caudali postice vulgo vittula intramarginali nigricante.

B. 7. D. 9/15 vel 9/16. P. 2/16. V. 1/5. A. 3/9 vel 3/10. C. 1/15/1 et lat. brev.

Syn. *Serranus aurantius* CV., Poiss. II p. 226?; Blkr., Diagn. n. vischs. Sumatra, Nat. T. Ned. Ind. III p. 571 ; Günth., Cat. Fish. I p. 118.

Hab. Sumatra (Benculen, Padang, Siboga); Celebes (Manado); Ternata ; Batjan (Labuha); Nova-Guinea (Jr. septentr.), in mari.

Longitudo 7 speciminum 180''' ad 322'''.

Rem. Je laisse à l'espèce actuelle le nom spécifique sous lequel je l'ai décrite il y a déjà vingt ans, quoiqu'il soit incertain que le Serranus aurantius CV. y appartienne en effet. Le dernier, dont il est dit que le corps et les nageoires sont sans aucunes taches ni bandes, pourrait bien n'être point distinct de l'analis, mais les gouttelettes bleuâtres ou pourpres se perdant complètement par la conservation prolongée dans la liqueur, il est possible aussi qu'elles aient existé dans l'individu qui a servi à l'établissement de l'aurantius. Ici encore la formule exacte des écailles aurait pu aider a juger de l'identité ou de la diversité des espèces des Seychelles et de l'Insulinde.

Epinephelus miltostigma Blkr.

Epineph. corpore oblongo compresso, altitudine 3 fere in ejus longitudine absque-, 3½ circ. in ejus longitudine cum pinna caudali ; latitudine corporis 2 fere in ejus altitudine ; capite 3 fere in longitudine corporis absque-, 3½ circ. in longitudine corporis cum pinna caudali ; altitudine capitis 1⅓ circ.-, latitudine capitis 2 circ. in ejus longitudine ; oculis diametro 5½ circ. in longitudine capitis, diametro ¾ circ. distantibus ; linea rostro-frontali rectiuscula vel concaviuscula ; rostro lateribus squamulato ; osse suborbitali majore parte squamato ; maxilla superiore post oculum desinente postice superne squamulata ; dentibus caninis utraque maxilla utroque latere antice 2 vel 1 curvatis, intermaxillaribus inframaxillaribus conspicue majoribus ; praeoperculo rotundato margine posteriore denticulis numerosis parum conspicuis angularibus ceteris vix majoribus ; suboperculo interoperculoque leviter denticulatis ; operculo spinis 3 media ceteris subaequalibus longiore ; linea laterali

17*

antice valde curvata apice curvaturae anterioris spinae dorsi 6^{ae} vel 7^{ae} opposito; squamis corpore ciliatis, angulum aperturae branchialis superiorem inter et basin pinnae dorsalis supra lineam lateralem in series 100 circ. transversas, infra lineam lateralem in series 95 circ. transversas dispositis; squamis 50 circ. in serie transversali basin pinnae ventralis inter et pinnam dorsalem, 8 vel 9 lineam lateralem inter et spinam dorsi 6^m vel 7^m; squamis regione scapulo-postaxillari squamis mediis lateribus vix majoribus; cauda parte libera paulo breviore quam postice alta; pinna dorsali spinis mediocribus, 2 anterioribus ceteris brevioribus, sequentibus postrorsum longitudine paulo accrescentibus posticis 5 circ. in altitudine corporis, membrana inter singulas spinas profonde incisa; dorsali radiosa dorsali spinosa altiore radiis longissimis 2 circ. in altitudine corporis; pectoralibus capite absque rostro vix longioribus; ventralibus acute rotundatis capitis parte post-oculari longioribus; anali spina media ceteris fortiore et longiore oculo duplo circ. longiore, parte radiosa dorsali radiosa non humiliore; caudali rotundata capitis parte postoculari non breviore; colore corpore pinnisque roseo; iride viridi-rosea; capite, corpore pinnisque imparibus punctis et maculis purpurascentibus sparsis parvis pupilla et interstitiis vulgo multo minoribus; labiis dorsoque caudae maculis nigris nullis.

B. 7. D. 9/15 vel 9/16 P. 2/16. V. 1/5. A. 3/9 vel 3/10. C. 1/15/1 et lat. brev.

Syn. *Serranus Sonnerati* Playf. Günth., Fish. Zanzib. p. 3 ex parte? (specim. corpore, capite pinnisque dorsali et anali rubro maculatis) nec CV.

Hab. Amboina; in mari.

Longitudo speciminis unici 230'''.

Rem. Le Serranus Sonnerati CV. est dit avoir sur la tête des lignes bleues formant un réseau à mailles rondes et les nageoires verticales liserées de noir. C'est une espèce qui a besoin d'être étudiée plus exactement. Le réseau bleu de la tête disparaissant dans la liqueur, il est impossible, avec la courte description dans l'Histoire des Poissons, de distinguer suffisamment le Sonnerati de l'analis et de l'aurantius. Depuis MM. Playfair et Günther ont décrit, sous le nom de Sonnerati, une espèce de Zanzibar à tête, corps et nageoires dorsale et anale tachetées de vermillon, c'est-à-dire une espèce fort différente, pour ce qui regarde le système de coloration, du Serranus Sonnerati CV. La figure publiée par les mêmes auteurs sous la même dénomination, ne montre cependant rien de ces taches hors quelques vestiges sur la dorsale molle. Il se pourrait bien que l'indication des couleurs ait été prise sur un individu du miltostigma. Si cette opinion venait d'être prouvée juste, le miltostigma habite aussi les côtes de l'Afrique orientale.

Le miltostigma est du reste une espèce fort voisine de l'aurantius et en a presque la même formule de l'écaillure. Il ne s'en distingue guère que par sa tête moins haute et par les gouttelettes pourpres des flancs, de la queue et des nageoires impaires.

J'ai cru reconnaitre l'espèce actuelle dans la figure du Holocentrus auratus Bl., mais Bloch lui-même parlant dans sa description des deux petites taches noires de la lèvre inférieure et M. Peters ayant constaté que le poisson Blochien conservé à Berlin sous le nom de Holocentrus auratus n'est autre que l'Epiniphelus guativere (Serranus ouatalibi CV.), il paraît que la figure de l'auratus doive représenter en effet l'espèce américaine. Cette figure cependant ne montre ni les petites taches noires du dos de la queue ni celles de la mâchoire inférieure et d'après le témoignage de M. Peters lui-même elle est plus grande que l'individu de l'Holocentrus auratus Bl. de Berlin. Il est donc possible qu'il y ait eu confusion de deux espèces, que la figure ait été prise sur un individu de l'espèce actuelle et que l'original ait été perdu. Le guativere est du reste fort voisin du miltostigma. J'y trouve la formule des écailles $= \frac{94}{\text{85}}$.

Epinephelus analis Blkr.

Epineph. corpore oblongo compresso, altitudine 3 et paulo in ejus longitudine absque-, 4 fere in ejus longitudine cum pinna caudali; latitudine corporis 2 circ. in ejus altitudine; capite 3 fere in longitudine corporis absque-, $5\frac{1}{4}$ circ. in longitudine corporis cum pinna caudali; altitudine capitis $1\frac{1}{3}$ circ., latitudine capitis 2 circ. in ejus longitudine; oculis diametro $4\frac{1}{2}$ circ. in longitudine capitis, diametro $\frac{2}{3}$ circ. distantibus; linea rostro-frontali rectiuscula; rostro alepidoto; osse suborbitali majore parte squamato; maxilla superiore post oculum desinente squamulis conspicuis nullis; dentibus caninis utraque maxilla utroque latere antice 2 vel 1 curvatis, intermaxillaribus inframaxillaribus vix majoribus; praeoperculo rotundato margine posteriore denticulis numerosis parum conspicuis, angularibus ceteris vix majoribus; suboperculo interoperculoque margine libero ex parte tantum scabriusculis; operculo spinis 3 media ceteris subaequalibus longiore; linea laterali antice valde curvata apice curvaturae anterioris spinae dorsi 6ae opposito; squamis corpore ciliatis, angulum aperturae branchialis superiorem inter et basin pinnae caudalis supra lineam lateralem in series 90 ad 95 transversas, infra lineam lateralem in series 85 ad 90 transversas dispositis; squamis 40 circ. in serie transversali basin pinnae ventralis inter et pinnam dorsalem, 8 lineam lateralem inter et spinam dorsi 6m; squamis regione scapulo-postaxillari squamis mediis lateribus conspicue majoribus; cauda parte libera aeque longa circ. ac postice alta; pinna dorsali spinis mediocribus, spinis 2 anterioribus ceteris brevioribus, spinis sequentibus postrorsum longitudine paulo accrescentibus posticis 2⅕ circ. in altitudine corporis, membrana inter singulas spinas profunde incisa non lobata; dorsali radiosa dorsali spinosa altiore radiis longissimis 2 circ. in altitudine corporis; pectoralibus obtuse rotundatis capite absque rostro longioribus; ventralibus acutiuscule rotundatis et caudali obtuse rotundata capite absque rostro brevioribus; anali spina media spinis ceteris longiore et fortiore oculo duplo circ. longiore, parte radiosa dorsali radiosa non humiliore; colore corpore, iride, pinnisque roseo; pinna anali violascente marginata.

B. 7. D. 9/14 vel 9/15 vel 9/16. P. 2/16. V. 1/5. A. 3/8 vel 3/9. C. 1/15/1 et lat. brev.

Syn. *Serranus analis* CV., Poiss. II p. 228; Less., Zool. Voy. Coq. II p. 235;
       Günth., Cat. Fish. 1 p. 123.
      Serranus roseus CV., Poiss. II p. 228?

Hab. Sumatra (Padang); Celebes (Macassar); in mari.

Longitudo 2 speciminum 156'" et 170".

Rem. Je crois avoir retrouvé, dans mes deux individus, le Serranus analis CV., découvert par Lesson et Garnot dans les mers de la Nouvelle Irlande. Dans la description, du reste fort insignifiante, de cette espèce il est expressément dit que l'anale *seule* est bordée d'un petit liseré noir ou violet foncé, caractère reproduit par M. Günther dans les termes »vertical fins black-edged". Sur l'un des individus je trouve 15 à 16 rayons à la dorsale et sur l'autre 14 à 15 seulement. Le liseré noirâtre de l'anale, très-nettement dessiné sur l'un, ne se voit point sur l'autre, mais cet individu se trouve dans un état de conservation moins parfait. Le Serranus roseus CV. d'Otaïti, établi seulement sur un dessin de Parkinson, espèce à corps rose et à nageoires de la même couleur mais sans liseré noirâtre, est probablement de la même espèce.

L'analis se distingue surtout des espèces voisines à corps et à nageoires roses par un moindre nombre de rangées transversales d'écailles au-dessus et au-dessous de la ligne latérale ainsi que par dix à quinze écailles de moins sur une rangée transversale entre la base de la ventrale et de la dorsale.

M. ¡Günther cite un individu de Sumatra qu'il rapporte au Serranus Sonnerati CV., mais qui pourrait bien n'être point distinct de l'analis.

Je trouve une formule des écailles correspondante à celle de l'analis ($\frac{94}{85}$) sur un individu de l'Epinephelus guativere (Bodianus guativere Bl. Schn. = Serranus ouatalibi CV.) de Martinique, espèce du reste assez distincte par son corps plus trapu, par sa mâchoire supérieure plus courte, par les points bleus cerclés de noirâtre du corps, et par les deux taches caractéristiques noires près de la symphyse inframaxillaire et sur le dos de la queue.

Epinephelus microprion Blkr, Troisième mém. ichth. Halmahéra, Ned. T. Dierk. I p. 155.

Epineph. corpore oblongo compresso, altitudine $2\frac{2}{3}$ ad 3 in ejus longitudine absque-, $3\frac{1}{4}$ ad $3\frac{2}{3}$ in ejus longitudine cum pinna caudali; latitudine corporis 2 circ. in ejus altitudine; capite $2\frac{1}{4}$ ad $2\frac{2}{5}$ in longitudine corporis absque-, 3 et paulo ad $3\frac{1}{3}$ in longitudine corporis cum pinna caudali; altitudine capitis $1\frac{1}{3}$ ad $1\frac{1}{2}$, latitudine capitis 2 ad 2 et paulo in ejus longitudine; oculis diametro 4 ad 5 et paulo in longitudine capitis, diametro $\frac{1}{4}$ ad $\frac{2}{3}$ distantibus; linea rostro-frontali rectiuscula; rostro alepidoto; osse suborbitali leviter squamato; maxilla superiore post oculum desinente, alepidota; dentibus caninis utraque maxilla utroque latere 2 vel 1 mediocribus intermaxillaribus inframaxillaribus majoribus; praeperculo rotundato margine posteriore denticulis numerosis parum conspicuis, angularibus ceteris non vel vix majoribus; suboperculo interoperculoque margine libero denticulis tactu magis quam visu conspicuis; operculo spinis 3 spina media spina superiore vix majore; linea laterali antice valde curvata apice curvaturae anterioris spinae dorsi 6^{ae} opposito; squamis corpore ciliatis, angulum aperturae branchialis superiorem inter et basin pinnae caudalis supra lineam lateralem in series 90 circ. transversas, infra lineam lateralem in series 80 ad 85 transversas dispositis; squamis 45 circ. in serie transversali basin pinnae ventralis inter et pinnam dorsalem, 8 vel 9 lineam lateralem inter et spinam dorsi 6^{m}; squamis regione scapulo-postaxillari squamis mediis lateribus majoribus; cauda parte libera breviore quam postice alta; pinna dorsali spinosa spinis mediocribus, anterioribus 2 ceteris brevioribus, spinis sequentibus postrorsum longitudine vix accrescentibus posticis 3 circ. in altitudine corporis, membrana inter singulas spinas profunde incisa non lobata; dorsali radiosa dorsali spinosa altiore radiis longissimis 2 circ. in altitudine corporis; pectoralibus capite absque rostro non brevioribus; ventralibus acutiuscule rotundatis, capitis parte postoculari paulo ad non brevioribus; anali spina media spina 3ª multo longiore et crassiore oculo duplo ad plus duplo longiore, parte radiosa dorsali radiosa non humiliore; caudali rotundata capitis parte postoculari paulo longiore; colore corpore pinnisque fusco vel nigricante-fusco: iride coerulescente-viridi margine pupillari aurea; capite dorsoque antice ocellis parvis confertis coeruleis nigro annulatis; corpore interdum fasciis 6 latis transversis profundioribus spatiis intermediis vulgo latioribus; squamis corpore singulis basi macula parva trigona nigra; pinnis dorsali et anali radiosis frequenter flavo, dorsali spinosa nigro marginatis.

B. 7. D. 9/15 vel 9/16 vel 9/17. P. 2/13 vel 2/14. V. 1/5. A. 3/8 vel 3/9. C. 1/15/1 et lat. brev.

Syn. *Serranus microprion* Blkr, Nieuwe bijdr. ichth. Amboina, Nat. T. Ned. Ind. III p. 552; Günth., Cat. Fish. I p. 116.

    Krapo Mal. Bat.

Hal. Sumatra (Trussan, Siboga); Batu; Nias; Java (Batavia, Malang australis); Bawean, Celebes (Manado); Halmahera (Sindangole); Batjan (Labuha); Ternata; Buro (Kajeli); Timor; Ceram (Wahai); Amboina; Nova-Guinea (Or. sept.); in mari.

Longitudo 24 speciminum 95‴ ad 150‴.

Rem. Le microprion est fort voisin du boelang et ne s'en distingue essentiellement que par les couleurs. Les petits ocelles bleus de la tête et de la partie antérieure du dos, ainsi que les petites taches noires des écailles du tronc sont très-nettement dessinées, et sont encore fort bien visibles dans la plupart de mes individus nonobstant une conservation de plus de vingt ans dans la liqueur. Dans quelques individus les ocelles bleus s'étendent jusque sur les régions thoraciques et axillaires et même sur la partie basale de la pectorale.

L'espèce est connue habiter, hors l'Inde archipélagique, les côtes de Chine et l'Archipel des Louisiades.

Epinephelus boelang Blkr.

Epineph. corpore oblongo compresso, altitudine $2\frac{2}{3}$ ad 3 fere in ejus longitudine absque-, $3\frac{1}{3}$ ad $3\frac{3}{5}$ in ejus longitudine cum pinna caudali; latitudine corporis 2 circ. in ejus altitudine; capite $2\frac{1}{4}$ ad $2\frac{3}{4}$ in longitudine corporis absque-, 3 et paulo ad $3\frac{1}{4}$ in longitudine corporis cum pinna caudali; altitudine capitis $1\frac{1}{3}$ ad $1\frac{1}{6}$-, latitudine capitis 2 ad 2 et paulo in ejus longitudine; oculis diametro 4 et paulo ad $5\frac{3}{4}$ in longitudine capitis, diametro $\frac{1}{2}$ ad $\frac{3}{4}$ distantibus; linea rostro-frontali rectiuscula vel concaviuscula; rostro ex parte tantum squamato; osse suborbitali squamoso; maxilla superiore postice alepidota vel leviter squamata, post oculum desinente; dentibus caninis utraque maxilla utroque latere 2 vel 1 mediocribus intermaxillaribus inframaxillaribus fortioribus; praeoperculo rotundato margine posteriore denticulis numerosis parum conspicuis angularibus ceteris non vel vix majoribus; suboperculo interoperculoque margine leviter denticulatis; operculo spinis 3, media quam superiore vix ad non longiore; linea laterali antice valde curvata apice curvaturae anterioris spinae dorsi 6^{ae} vel 7^{ae} opposito; squamis corpore ciliatis, angulum aperturae branchialis superiorem inter et basin pinnae caudalis supra lineam lateralem in series 90 circ. transversas, infra lineam lateralem in series 85 circ. transversas dispositis; squamis 45 circ. in serie transversali basin pinnae ventralis inter et pinnam dorsalem, 8 vel 9 lineam lateralem inter et spinam dorsi 6^{m} vel 7^{m}; squamis regione scapulo-postaxillari squamis mediis lateribus conspicue majoribus; cauda parte libera breviore quam postice alta; pinna dorsali spinosa spinis mediocribus, anterioribus 2 ceteris brevioribus, spinis sequentibus postrorsum longitudine vix ad non accrescentibus posticis 3 circ. in altitudine corporis, membrana inter singulas spinas profunde incisa non lobata; dorsali radiosa dorsali spinosa altiore, radiis longissimis 2 circ. in altitudine corporis; pectoralibus capite absque rostro non brevioribus; ventralibus acutis vel acutiuscule rotundatis capitis parte postoculari non ad vix brevioribus; anali spina media ceteris longiore et fortiore oculo minus ad plus duplo longiore, parte radiosa dorsali radiosa non humiliore; caudali rotundata capitis parte postoculari paulo longiore; colore corpore pinnisque fusco; iride rubra margine pupillari aurea; fasciis corpore vulgo transversis nigricantefuscis vel nigris 7 subaequidistantibus, anterioribus 3 sub dorsali spinosa, sequentibus 3 sub dorsali radiosa, 7^a basi pinnae caudalis approximata; pinnis dorsali et anali radiosis et caudali flavo marginatis.

18

B. 7. D. 9/16 vel 9/17. P. 2|13 vel 2|14. V. 1/5. A. 3/8 vel 3|9 vel 3/10. C. 1/15/1 et lat. brev.

Syn. *Bodianus boenak* Bl., Ausl. Fisch. IV p. 43 tab. 227; Bl. Schn., Syst. p. 330; Lac., Poiss. IV p. 297 (ex parte).

Labre que l'on doit vraisemblablement rapporter au Guaze Lac., Poiss. III tab. 27 fig. 1?

Perca fusca Thunb., Sidsta Fortsättn. Beskr. nya Fiskart. Abborslägt. Japan, Kongl. Vet. Akad. n. Handl. XIV 1793 p. 297, tab. 9 fig. inferior.

Serranus boenack CV., Poiss. II p. 271; Blkr, Verh. Bat. Gen. XXII. Bijdr. Perc. p. 31.; Günth., Cat. Fish. I p. 112; Kner, Zool. Reise Novara, Fisch. p. 21.

Serranus boelang CV., Poiss. II p. 229, VI p. 387; QG., Zool. Voy. Astrol. Poiss. p. 657 tab. 3 fig. 4; Playf. Günth., Fish. Zanzib. p. 2.

Serranus nigrofasciatus Hombr. Jacquin., Voy. Pôle Sud, Poiss. p. 36 tab. 2 fig. 1.

Serranus stigmapomus Rich., Rep. Ichth. Chin. Jap. in Rep. 15[b] mect. Brit. Assoc. p. 232.

Serranus zananella Blkr, Verh. Bat. Gen. XXII Perc. p. 32 (an et CV., Poiss. II p. 225?)

Epinephelus boenack Blkr, Enum. Poiss. Amb., Ned. T. Dierk. II p. 277 (nec Blkr, Descr. espèc. inéd. Epineph. Réunion, Versl. Kon. Akad. Wet. Nat. 2° Reeks II p. 338).

Krapo Mal.

Hal. Sumatra (Telokbetong, Priaman, Siboga); Nias; Singapura; Bintang (Rio); Bangka (Marawang, Toboali); Java (Fret. sundaic., Batavia, Samarang, Tjilatjap); Celebes (Macassar, Bulucomba, Tanawanko, Kema); Buro (Kajeli); Amboina; Nova-Guinea (Or. septentr.). in mari.

Longitudo 38 speciminum 95''' ad 215'''.

Rem. La figure publiée par Bloch paraît avoir été prise sur un individu de l'espèce actuelle et, pour ce qui regarde la tête, sur un Epinephelus formosus. Le poisson de la collection de Bloch déterminé comme étant de l'espèce du formosus, ne montre point de bandes transversales mais seulement des bandelettes longitudinales de la tête se continuant sur la nuque. Les bandes transversales du corps de la figure du boenak de Bloch sont précisément celles de l'espèce actuelle. Or, il mérite d'être noté que dans les nombreux individus que j'ai observés du formosus, qui est assez commun à Batavia, jamais je n'ai observé de bandes transversales. Le boenak Bl. paraît donc être une espèce composée du formosus et du boelang.

Le boelang habite, hors l'Insulinde, les côtes de Zanzibar, de Madagascar, de Chine et de la Nouvelle-Hollande septentrionale.

Je trouve sur tous mes individus la formule des écailles indiquée dans la description, mais je possède en outre un individu de 205''' de long qui correspond en tous points aux individus de même taille du boelang excepté seulement la formule des écailles. J'y compte dix rangées transversales de plus tant au-dessus qu'au-dessous de la ligne latérale et dix écailles de plus aussi sur une rangée transversale. La constance de la formule dans 38 des 39 individus paraît confirmer sa valeur diagnostique. Les nombres supérieurs des écailles ne sont manifestement qu'une rare exception.

Epinephelus urodelus Blkr, Onzième not. ichth. Ternate, Ned. T. Dierk. 1 p. 232; Atl. Ichth. Tab. 321, Perc. tab. 43 fig. 2.

Epin. corpore oblongo compresso altitudine $2\frac{5}{8}$ ad 3 in ejus longitudine absque-, $3\frac{2}{5}$ ad 4 in ejus longitudine cum pinna caudali; latitudine corporis $1\frac{2}{3}$ ad 2 in ejus altitudine; capite $2\frac{3}{4}$ ad $2\frac{5}{8}$ in longitudine corporis absque-, $3\frac{2}{5}$ ad $3\frac{1}{2}$ in longitudine corporis cum pinna caudali; altitudine capitis $1\frac{1}{5}$ ad $1\frac{2}{5}$, latitudine capitis $1\frac{3}{5}$ ad $2\frac{1}{5}$ in ejus longitudine; oculis diametro $4\frac{1}{4}$ ad $5\frac{1}{2}$ in longitudine capitis, diametro $\frac{1}{2}$ ad $\frac{4}{5}$ distantibus; linea rostro-frontali rectiuscula vel convexiuscula; rostro et osse suborbitali squamosis; maxilla superiore post oculum desinente, postice leviter squamulata; dentibus caninis utraque maxilla utroque latere 2 vel 1 mediocribus, intermaxillaribus inframaxillaribus longioribus; praeoperculo rotundato margine posteriore denticulis numerosis parum conspicuis angularibus ceteris vix vel non majoribus; suboperculo interoperculoque vulgo denticulis aliquot parvis; operculo spinis 3, media ceteris subaequalibus longiore; linea laterali antice valde curvata, apice curvaturae anterioris spinae dorsi 6^{ae} circ. opposito; squamis corpore ciliatis, angulum aperturae branchialis superiorem inter et basin pinnae caudalis supra lineam lateralem in series 100 circ. transversas, infra lineam lateralem in series 95 circ. transversas dispositis; squamis 45 circ. in serie transversali basin pinnae ventralis inter et pinnam dorsalem, 9 vel 10 lineam lateralem inter et spinam dorsi 6^m ; squamis regione scapulo-postaxillari squamis mediis lateribus conspicue majoribus; cauda parte libera paulo breviore quam postice alta ; pinna dorsali spinis mediocribus, anterioribus 2 ceteris brevioribus, sequentibus postrorsum longitudine vix acerescentibus, posticis 3 circ. in altitudine corporis, membrana inter singulas spinas profunde incisa non lobata ; dorsali radiosa dorsali spinosa altiore radiis longissimis 2 ad $2\frac{1}{2}$ in altitudine corporis ; pectoralibus capite absque rostro non ad vix brevioribus ; ventralibus acutiuscule rotundatis capitis parte postoculari paulo ad non brevioribus; caudali rotundata capitis parte postoculari paulo longiore ; anali spina media ceteris longiore et fortiore, parte radiosa dorsali radiosa non humiliore; colore corpore pinnisque carmosino ; dorso postice, cauda, dorsali et anali radiosis dimidio posteriore et caudali basi et medio late fusco-violaceis ; fusco-violaceo caudali superne et inferne vittula duplice lutea et coerulescente limbato; capite, dorso, cauda et pinnis imparibus punctis numerosis sat confertis coeruleis; pinnis imparibus mollibus coerulescente marginatis et vittula intramarginali violacea ; iride flavescente-rubra.

B. 7. D. 9/14 vel 9/15 vel 9/16. P. 2/16 vel 2/17. V. 1/5. A. 3/9 vel 3/10. C. 1/15/1 et lat. brev.

Syn. *Perca urodela* Forst., Descr. anim. ed. Lichtenst. p. 221.
    Bodianus miniatus var , Bl. Schn., Syst. p. 333.
    Serranus urodelus CV., Poiss. II p. 227 ; VI p. 386 ; Blkr, Bijdr. ichth.
       Kokos-eil., Nat. T. Ned. Ind. VII p. 39 ; Günth., Cat. Fish. I p. 122.

Hab. Sumatra (Benculen) ; Cocos (Nova-selma) ; Nias ; Java ; Celebes (Manado, Tanawanko, Tombariri) ; Sangir ; Ternata ; Obi-major ; Amboina ; Nova-Guinea (or. sept.) ; in mari.

Longitudo 9 speciminum $123''$ ad $233'''$.

Rem. Cette espèce, découverte par Förster près l'île St. Christine ou Waitaho, est une des plus nettement caractérisées par le système de coloration. La couleur brun-violet de la queue et de la caudale se voit encore très-bien sur plusieurs de mes individus qui ont été conservés plus de vingt. ans dans la liqueur. L'urodelus est du reste fort voisin des espèces précédentes. La formule de l'écaillure ne présente qu'une légère différence avec celle des Epinephelus miltostigma, miniatus, guttatus et argus, qui ont tous une cinquantaine d'écailles dans une rangée transversale tandis que je n'y puis compter, sur aucun de mes neuf individus de l'urodelus, plus de quarante-cinq.

Outre les localités citées l'espèce habite les côtes de l'île Uléa. M. Günther en cite aussi »India" comme la patrie d'un individu du British Museum.

Epinephelus miniatus Blkr.

Epin. corpore oblongo compresso, altitudine $2\frac{3}{4}$ ad 3 in ejus longitudine absque-, $3\frac{2}{3}$ ad $3\frac{3}{4}$ in ejus longitudine cum pinna caudali; latitudine corporis 2 circ. in ejus altitudine; capite $2\frac{4}{5}$ ad 3 in longitudine corporis absque-, $3\frac{3}{4}$ ad $3\frac{3}{4}$ in longitudine corporis cum pinna caudali; altitudine capitis $1\frac{1}{4}$ ad 1-, latitudine capitis 2 fere ad $2\frac{1}{5}$ in ejus longitudine; oculis diametro $5\frac{1}{3}$ ad $6\frac{1}{3}$ in longitudine capitis, diametro $\frac{2}{3}$ ad 1 fere distantibus; linea rostro-frontali rectiuscula vel concaviuscula; rostro leviter squamato, adultis interdum plane alepidoto; osse suborbitali squamato; maxilla superiore post oculum desinente, postice squamulata; dentibus caninis utraque maxilla utroque latere 2 vel 1 curvatis mediocribus, intermaxillaribus inframaxillaribus longioribus; praeoperculo rotundato, margine posteriore denticulis numerosis parum conspicuis angularibus ceteris non vel vix majoribus; suboperculo interoperculoque margine libero leviter denticulatis; operculo spinis 3 media ceteris conspicue longiore; linea laterali antice valde curvata apice curvaturae anterioris spinae dorsi 6^{ae} vel 7^{ae} opposito; squamis corpore ciliatis, angulum aperturae branchialis superiorem inter et basin pinnae caudalis supra lineam lateralem in series 100 circ. transversas, infra lineam lateralem in series 95 circ. transversas dispositis; squamis 50 circ. in serie transversali quarum 9 vel 10 lineam lateralem inter et spinam dorsi 6^m vel 7^m; squamis regione scapulo-postaxillari squamis mediis lateribus paulo majoribus; cauda parte libera aeque alta ac longa ad altiore quam longa; pinna dorsali spinosa spinis mediocribus, anterioribus 2 ceteris brevioribus, sequentibus postrorsum longitudine vix accrescentibus, posticis 3 ad plus quam 3 in altitudine corporis, membrana inter singulas spinas profunde incisa vix vel non lobata; dorsali radiosa dorsali spinosa altiore radiis longissimis 2 ad plus quam 2 in altitudine corporis; pectoralibus capite absque rostro non brevioribus; ventralibus acutiuscule rotundatis capitis parte postoculari non brevioribus; anali spina media spina 3^a longiore et crassiore oculo duplo circ. longiore, parte radiosa dorsali radiosa non humiliore; caudali rotundata capitis parte postoculari non breviore; colore corpore pinnisque carmosino vel profunde rubro; iride rubra, margine pupillari flava vel aurea; capite, corpore pinnisque imparibus ocellis numerosis sparsis coeruleis coeruleo profundiore annulatis spatiis intermediis vulgo minoribus; dorsali et anali radiosis caudalique vulgo fusco vel nigricante marginatis; pectoralibus ventralibusque ocellis nullis.

B. 7. D 9/15 vel 9/16 vel 9/17. P. 2/16. V. 1/15. A. 3/9 vel 3/10. C. 1/15/1 et lat. brev.

Syn. *Perca miniata* Forsk., Descr. animal. p. 41 n°. 41; L. Gm., Syst. Nat. ed.
    13ª p. 1317.

    Serranus miniatus Rüpp., Atl. Fisch. p. 106 tab. 26 fig. 3; Klunz.,
    Synops. Fisch. R. M., Verh. z. b. Ges. Wien XX p. 679.

    Serranus guttatus CV., Poiss. II p. 268 (specim. ex ins. Waigiu).

    Diacope miniata CV., Poiss. II p. 327.

    Cromileptes miniatus Swns., Nat. Hist. Fish. II p. 201.

    Serranus cyanostigma Val., Règne an. éd. luxe Poiss. tab. 8 fig. 2 (nec CV.).

    Serranus cyanostigmatoides Blkr, Verh. Bat. Gen. XXII Perc. p. 31.

    Epinephelus cyanostigmatoides Blkr, Onzième notic. ichth. Ternate, Ned.
    T. Dierk. I p. 232; Atl. Ichth. Tab. 283, Perc. tab. 5 fig. 3.

    Epinephelus argus Blkr, Notic. ichth. Waigiou, Versl. Kon. Akad. Wet.
    Afd. Nat. 2ᵉ Reeks, II p. 296.

    Krapo-karang Mal.

Hab. Sumatra (Padang, Ulakan); Java (Batavia); Celebes (Macassar, Kema);
    Flores (Larantuca); Ternata; Batjan (Labuha); Obi-major; Buro (Kajeli);
    Ceram (Wahai); Amboina; Waigiu; Nova-Guinea; in mari.

Longitudo 10 speciminum 160‴ ad 543‴.

Rem. L'Insulinde nourrit trois espèces d'Epinephelus à neuf épines dorsales, fort voisines les unes des autres et toutes ayant le corps et toutes ou presque toutes les nageoires semées de gouttelettes bleues cerclées de violet ou d'un bleu plus profond. Ce sont l'Epinephelus actuel, l'Epinephelus cyanostigma et l'Epinephelus argus. Je possède de belle séries des trois espèces et presque tous les individus qui les composent, la plupart conservés depuis quinze à vingt ans dans l'alcool, montrent encore fort bien tous les détails de la coloration. C'est par ces détails qu'elles se font aisément distinguer. Le miniatus et le cyanostigma ont le corps et les nageoires rouges, mais dans le miniatus les pectorales et les ventrales n'ont point d'ocelles bleus et les ocelles du corps et des nageoires impaires y sont constamment plus grandes et plus nettement dessinés que dans le cyanostigma. Jamais aussi le miniatus ne paraît montrer les bandes transversales brunes qui se voient ordinairement dans l'argus. Du reste les deux espèces ont la même formule de l'écaillure et une même physionomie. Je ne trouve, hors les couleurs, d'autres différences de quelque importance que dans la pectorale, qui, dans l'argus, a constamment un ou deux rayons de moins, et dans l'écaillure du devant de la tête, les écailles, dans le cyanostigma, recouvrant entièrement et densement le museau tandis qu'elles sont rares ou nulles dans le miniatus.

Le miniatus est connu, hors l'Insulinde, de la Mer rouge et des côtes d'Aden, de Mossambique et de Zanzibar et des iles Andaman.

Epinephelus cyanostigma Blkr, Deuxième not. ichth. Flores, Ned. T. Dierk. 1 p. 251; Atl. Ichth. Tab. 320, Perc. tab. 42 fig. 3.

Epineph. corpore oblongo compresso, altitudine 2⅔ ad 3 et paulo in ejus longitudine absque-, 3⅔ ad 3¾ in ejus longitudine cum pinna caudali; latitudine corporis 2 circ. in ejus altitudine; capite 2⅗ ad 3 in longitudine corporis absque-, 3¼ ad 3⅔ in longitudine corporis cum pinna caudali; altitudine capitis sat paulo ad 1¼-, latitudine capitis 2 ad 2½ in ejus longitudine; oculis diametro 5⅓ ad 6½ in longitudine capitis, diametro ½ ad 1 distantibus; linea rostro-frontali rectiuscula vel concaviuscula; rostro toto squamoso; osse suborbitali squamoso; maxilla superiore post oculum desinente, postice squamata vel alepidota; dentibus caninis utraque maxilla utroque latere 2 vel 1 curvatis mediocribus, intermaxillaribus inframaxillaribus longioribus; praeoperculo rotundato, margine posteriore denticulis numerosis parum conspicuis angularibus ceteris non vel vix majoribus; suboperculo interoperculoque margine libero vulgo denticulis vix conspicuis; operculo spinis 3, media quam superiore non vel vix longiore; linea laterali antice valde curvata, apice curvaturae anterioris spinae dorsi 6ᵃᵉ opposito; squamis corpore ciliatis, angulum aperturae branchialis superiorem inter et basin pinnae caudalis supra lineam lateralem in series 100 circ. transversas, infra lineam lateralem in series 90 ad 95 transversas dispositis; squamis 50 circ. in serie transversali basin pinnae ventralis inter et pinnam dorsalem, 9 vel 10 lineam

lateralem inter et spinam dorsi 6ᵐ; squamis regione scapulo-postaxillari squamis
mediis lateribus majoribus; cauda parte libera aeque alta ac- ad altiore quam
longa; pinna dorsali spinosa spinis mediocribus, anterioribus 2 ceteris brevioribus, sequentibus postrorsum longitudine vix accrescentibus, posticis 3 ad
plus quam 3 in altitudine corporis, membrana inter singulas spinas profunde incisa non lobata; dorsali radiosa dorsali spinosa altiore radiis longissimis 2 circ. in altitudine corporis; pectoralibus capite absque rostro paulo
brevioribus; ventralibus acute rotundatis capitis parte postoculari paulo brevioribus; anali spina media spina 3ᵃ paulo longiore et crassiore oculo duplo
circ. longiore, parte radiosa dorsali radiosa non humiliore; caudali rotundata
capitis parte postoculari paulo longiore; colore corpore pinnisque carmosino
vel fuscescente-rubro; iride rubra vel viridi, margine pupillari aurea'; corpore
interdum fasciis 7 diffusis transversis vel reti (cellulis magnis) fuscescente-rubro
vel fusco; capite, corpore pinnisque omnibus guttulis sparsis numerosis spatiis
intermediis multo minoribus coeruleis coeruleo profundiore annulatis; pinnis
imparibus et interdum etiam pinnis paribus coerulescente marginatis.

B. 7. D. 9/15 vel 9/16 vel 9/17. P. 2/14 vel 2/15. V. 1/5. A. 3/8 vel 3/9. C. 1/17/1
et lat. brev.

Syn. *Roode Jacob Evertsen* Valent., Amb. fig. 146.
Luccesje mera Ren., Poiss. Mol. I tab. 28 fig. 153.
Serranus cyanostigma K. v. H., CV., Poiss. II p. 268; Blkr, Verh. Bat.
Gen. XXII Perc. p. 32; Günth., Cat. Fish. I p. 117.
Krapo-karang Mal. Batav.

Hab. Sumatra (Padang, Priaman, Siboga); Java (Batavia, Bantam); Duizend-
insul.; Celebes (Macassar, Bulucomba); Flores (Larantuca); Batjan (Labuha); Amboina; in mari.

Longitudo 13 speciminum 160‴ ad 350‴.

Rem. Bien que le cyanostigma soit extrêmement voisin du miniatus, je ne
puis pas être de l'avis de M. Peters qu'il n'en soit pas spécifiquement distinct.
La constance des différences des couleurs, de l'écaillure du museau et des
nombres des rayons de la pectorale dans mes nombreux individus des deux
espèces me semble ne point permettre de les réunir. En tout cas le cyanostigma serait à considérer comme une variété, à laquelle on pourrait con-
server comme telle la dénomination spécifique.

Epinephelus argus Bl.Schn., Syst. p. 301 (nec Blkr, Not. ichth.
Waigiou).

Epin. corpore oblongo compresso, altitudine 3 fere ad 3 et paulo in ejus
longitudine absque-, $3\frac{2}{5}$ ad $3\frac{4}{5}$ in ejus longitudine cum pinna caudali; latitudine corporis $1\frac{2}{3}$ ad 2 in ejus altitudine; capite $2\frac{1}{2}$ ad 3 et paulo in longitudine corporis absque-, 3 et paulo ad $3\frac{1}{4}$ in longitudine corporis cum pinna
caudali; altitudine capitis 1 et paulo ad $1\frac{1}{3}$, latitudine capitis $1\frac{5}{6}$ ad $2\frac{1}{4}$ in
ejus longitudine; oculis diametro $4\frac{1}{2}$ ad 7 in longitudine capitis, diametro $\frac{2}{3}$
ad 1 circ. distantibus; linea rostro-frontali convexa vel convexiuscula; rostro
juvenilibus ex parte aetate provectis toto squamato; osse suborbitali squamoso; maxilla superiore post oculum desinente postice aetate provectis praesertim dense squamulata; dentibus caninis utraque maxilla utroque latere 2
vel 1 mediocribus, intermaxillaribus inframaxillaribus longioribus; praeoperculo rotundato margine posteriore denticulis numerosis parum conspicuis angularibus ceteris non vel vix majoribus; suboperculo interoperculoque juvenilibus frequenter edentulis aetate provectioribus vulgo leviter denticulatis;
operculo spinis 3 media ceteris subaequalibus paulo longiore; linea laterali
antice valde curvata, apice curvaturae anterioris spinae dorsi 6^{ae} vel 7^{ae} opposito; squamis corpore ciliatis, angulum aperturae branchialis superiorem
inter et basin pinnae caudalis supra lineam lateralem in series 95 ad 100
transversas, infra lineam lateralem in series 90 ad 95 transversas dispositis;
squamis 50 circ. in serie transversali basin pinnae ventralis inter et pinnam
dorsalem, 9 vel 10 lineam lateralem inter et spinam dorsi 6^m vel 7^m; squamis regione scapulo-postaxillari squamis mediis lateribus paulo majoribus;
cauda parte libera breviore quam postice alta; pinna dorsali spinosa spinis
mediocribus, anterioribus 2 ceteris brevioribus, sequentibus postrorsum longitudine non vel vix accrescentibus, posticis $2\frac{1}{2}$ ad 3 et paulo in altitudine
corporis, membrana inter singulas spinas profunde incisa non vel vix lobata;
dorsali radiosa dorsali spinosa altiore, radiis longissimis 2 ad $2\frac{1}{2}$ in altitudine
corporis; pectoralibus capite absque rostro paulo brevioribus; ventralibus acute
rotundatis capitis parte postoculari brevioribus; anali spina media ceteris longiore et fortiore oculo minus duplo longiore, parte radiosa dorsali radiosa non
humiliore; caudali rotundata capitis parte postoculari non ad vix breviore;
colore corpore pulchre fusco vel violaceo-fusco vel nigricante-fusco; iride viridescente, margine pupillari aurea; capite corpore pinnisque omnibus ocellis

19

parvis rotundis et oblongis coeruleis fusco vel nigro annulatis numerosis sparsis interstitiis non ocellatis multo minoribus ; corpore postice interdum insuper fasciis 5 ad 8 transversis dilutioribus ; pinnis fuscescente-rubris vel fusco-violaceis, dorsali spinosa rubro, dorsali radiosa superne et caudali postice flavo, anali inferne coerulescente marginatis.

B. 7. D. 9/16 vel 9/17. P. 2/16 vel 2/17. V. 1/5. A. 3/8 vel 3/9 vel 3/10. C. 1/15/1 et lat. brev.

Syn. *Ikan Kajoenoe, Okara, Bruine Jacob Evertsen* Valent., Ind. Amb. fig. 39, 41, 359.

> *Canjounou, Jacob Everse, Luccesje mera* et *Luccesje* Ren., Poiss. Mol. I tab. 11 fig. 70, tab. 20 fig. 111, tab. 28 fig. 153, 162 ; II tab. 8 fig. 36.
>
> *Perca miniata* var. B., Forsk., Descr. anim. p. 41.
>
> *Bodianus guttatus* Bl., Ausl. Fisch. IV p. 36 tab. 224 ; Bl. Schn., Syst. p. 330.
>
> *Cephalopholis argus* Bl. Schn., Syst. p. 311 tab. 61.
>
> *Bodianus Jacob Evertsen* Lac., Poiss. IV p. 296.
>
> *Serranus guttatus* CV., Poiss. II p. 267 (ex parte).
>
> *Serranus argus* CV., Poiss. II p. 270 ; Peters, Bloch'sche Art. Serranus, Monatsber. Akad. Wiss. Berlin, 1865 p. 113 (nec Günth.).
>
> *Serranus luti* CV., Poiss. II p. 272 (nec citat. Ehrenb.).
>
> *Serranus myriaster* CV., Poiss. II p. 273 ; Rüpp., Atl. Fisch. p. 107, tab. 27 fig. 1 ; N. Wirb. Fisch. p. 102 ; Less., Zool. Voy. Coq. II p. 234 tab. 37 ; QG., Zool. Voy. Astrol. Poiss. p. 653, tab. 5 fig. 1 ; Rich., Rep. ichth. Chin. in Rep. 15ʰ meet. Brit. Assoc. p. 233 ; Blkr, Spec. pisc. Batav. nov., Nat. T. Ned. Ind. VI p. 192.
>
> *Cromileptes myriaster* Swns., Nat. Hist. Fish. II p. 201.
>
> *Serranus guttatus* Pet., Fisch. Mossamb., Arch. Naturg. 1855 p. 235 ; Günth., Cat. Fish. I p. 119 ; Kner, Zool. R. Novara, Fisch. p. 22 ; Klunz., Syn. Fisch. R. M. Verh. zool. bot. Ges. Wien. XX p. 686 (nec CV.).
>
> *Epinephelus guttatus* Blkr, Onz. not. ichth. Ternate, Ned. T. Dierk. I p. 232.
>
> *Krapo* Mal. Batav.

Hab. Sumatra (Priamam) ; Batu ; Nias ; Singapura ; Java (Batavia) ; Borneo ; Celebes (Manado) ; Sangir ; Timor (Atapupu) ; Ternata ; Buro (Kajeli) ; Ceram (Wahai) ; Amboina ; Goram ; Nova-Guinea (or. sept.) ; in mari.

Longitudo 12 speciminum 120‴ ad 430‴.

Rem. L'argus, bien que fort voisin, tant par le système de coloration que par la formule des écailles, du miniatus et du cyanostigma, se fait aisément distinguer par la couleur beaucoup plus foncée du corps et des nageoires, par la bordure des nageoires impaires et par la convexité du profil. Les individus du jeune et du moyen âge de l'argus ont aussi le corps moins trapu et la tête moins haute que les individus du miniatus et du cyanostigma de la même taille.

L'espèce est une des plus repandues. Hors l'Insulinde elle habite la Mer rouge, les côtes de Mossambique, de l'île Maurice, de Ceylan, des îles Andaman, de Chine, de la Nouvelle-Hollande, de Taïti, de Borabora et des îles Sandwich.

Epinephelus formosus Blkr.

Epin. corpore oblongo compresso, altitudine 2⅔ ad 3 fere in ejus longitudine absque-, 3¼ ad 3⅕ in ejus longitudine cum pinna caudali; latitudine corporis 2 et paulo in ejus altitudine; capite 2¼ ad 3 in longitudine corporis absque-, 3¼ ad 3¼ in longitudine corporis cum pinna caudali; altitudine capitis 1⅛ ad 1⅓, latitudine capitis 2 ad 2 et paulo in ejus longitudine; oculis diametro 4 ad 6½ in longitudine capitis, diametro ½ ad ⅔ distantibus; linea rostro-frontali junioribus rectiuscula aetate provectis concava; rostro osseque suborbitali totis squamosis; maxilla superiore post oculum desinente, postice squamulis nullis; dentibus caninis utraque maxilla utroque latere 2 vel 1 mediocribus, intermaxillaribus inframaxillaribus vix longioribus; praeoperculo rotundato margine posteriore denticulis parum conspicuis angularibus ceteris non vel vix majoribus; suboperculo interoperculoque denticulis nullis vel parcissimis; operculo spinis 3 inferiore ceteris breviore, media et superiore subaequalibus; linea laterali antice valde curvata, apice curvaturae anterioris spinae dorsi 6ae circ. opposito; squamis corpore ciliatis, angulum aperturae branchialis superiorem inter et basin pinnae caudalis supra lineam lateralem in series 95 ad 100 transversas, infra lineam lateralem in series 90 circ. transversas dispositis; squamis 50 circ. in serie transversali basin pinnae ventralis inter et pinnam dorsalem, 10 circ. lineam lateralem inter et spinam dorsi 6ᵐ; squamis regione scapulo-postaxillari squamis mediis lateribus valde conspicue majoribus; cauda parte libera non ad sat multo breviore quam postice alta; pinna dorsali spinis mediocribus, anterioribus 2 ceteris brevioribus, sequentibus postrorsum lon-

19*

gitudine non vel vix accrescentibus 3 ad plus quam 3 in altitudine corporis, membrana inter singulas spinas profunde incisa; dorsali radiosa dorsali spinosa altiore, radiis longissimis 2 ad 2⅓ in altitudine corporis; pectoralibus capite absque rostro vix brevioribus; ventralibus acutis vel acute rotundatis capitis parte postoculari non vel vix brevioribus; caudali rotundata capitis parte postoculari longiore; anali spinis 2ᵃ et 3ᵃ subaequalibus vel 2ᵃ 3ᵃ longiore et fortiore et oculo duplo circ. longiore; colore corpore rubro vel fuscescenterubro; iride viridi margine pupillari aurea; capite vittis 9 circ. oculo-temporalibus et oculo-opercularibus coeruleis ex parte interruptis, inferioribus oblique postrorsum descendentibus; rostro maxillisque vulgo guttulis sparsis coeruleis; vittis trunco longitudinalibus 14 ad 16 coeruleis, superioribus 7 vel 8 oblique postrorsum adscendentibus pinnam dorsalem intrantibus et dorsalis radiosae marginem liberum attingentibus vel subaltingentibus, sequentibus 6 subhorizontalibus pinna caudali postice desinentibus, 2 vel 3 inferioribus gulo-analibus pinnae analis marginem posteriorem attingentibus; pinnis pectoralibus ventralibusque radiis rubris membrana coerulescentibus, pectoralibus vittulis longitudinalibus guttulisque coeruleis ornatis; pinnis imparibus rubris fusco vel nigricante marginatis, dorsali spinosa superne, anali inferne et caudali superne et inferne praeter vittis e trunco porrectis vittis longitudinalibus accessoriis 2 vel 3 coeruleis.
B. 7. D. 9/16 vel 9/17 vel 9/18. P. 2/15 vel 2/16. V. 1/5. A. 3/8 vel 3/9 vel 3/10. C. 1/15/1 et lat. brev.

Syn. *Rahtee bontee* Russ., Fish. Corom. II p. 22 fig. 129.

    Bodianus boenack Bl., Ausl. Fisch. IV p. 43 tab. 226 (ex parte).

    Sciaena formosa Shaw, Zool. Misc. p. 23 t. 1007.

    Serranus formosus CV., Poiss. II p. 231; Rich., Rep. ichth. Chin. Rep. 15ᵇ meet. Brit. Assoc. p. 233; Blkr, Verh. Bat. Gen. XXII Perc. p. 31; Günth., Cat. Fish. I p. 154; Day, Fish. Malab. p. 7; Kner, Zool. Reis. Novara, Fisch. p. 26.

    Serranus boenack Peters, Bloch'sche Art. Serran., Monatsber. Akad. Wiss. Berlin 1865 p. 105.

    Epinephelus boenack Blkr, Esp. inéd. Epineph Réunion, Versl. K. Akad. Wet. 2ᵉ Reeks p. 338 (nec al. loc.).

    Krapo Mal. Batav.

Hab. Java (Batavia, Prigi); Sumatra (Benculen, Padang, Ticu, Priaman); Singapura; Borneo; Celebes (Macassar); in mari.

Longitudo 17 speciminum 120‴ ad 292‴.

Rem. Cette belle espèce est éminemment caractérisée par les bandelettes longitudinales bleues du corps et des nageoires, mais ces bandelettes s'effaçant ordinairement plus ou moins par une conservation prolongée dans la liqueur, les caractères de l'écaillure sont plus essentiels et plus généralement applicables. J'ai fait connaître une autre espèce à bandelettes bleues du corps et des nageoires sous le nom d'Epinephelus Polleni, espèce trouvée à l'île de la Réunion par M. Pollen. Dans cette espèce cependant les bandelettes sont plus larges, moins obliques et moins nombreuses, mais elle se distingue surtout par la petitesse des écailles, dont je trouve la formule, par un nouvel examen, $= \frac{120}{115}$ c'est-à-dire 120 rangées transversales au-dessus et 115 au-dessous de la ligne latérale. Les écailles sur une rangée transversale y sont aussi plus petites et au nombre de 60. On peut reconnaître le Polleni du premier coup-d'oeil à ce que les écailles de la région scapulo-postaxillaire sont aussi petites que celles du milieu des flancs. Peut être que les citations du formosus comme habitant les îles Maurice et de la Réunion aient rapport au Polleni qu'on n'aurait pas distingué du formosus. Du reste le formosus est connu des côtes de l'Hindoustan et de Chiné.

Epinephelus leopardus Blkr.

Epineph. corpore oblongo compresso, altitudine 3 fere ad 3 in ejus longitudine absque-, $3\frac{1}{4}$ ad $3\frac{3}{4}$ in ejus longitudine cum pinna caudali; latitudine corporis 2 circ. in ejus altitudine; capite acuto $2\frac{1}{2}$ ad $2\frac{3}{4}$ in longitudine corporis absque-, 3 et paulo ad $3\frac{2}{3}$ in longitudine corporis cum pinna caudali; altitudine capitis $1\frac{1}{4}$ ad $1\frac{1}{3}$-, latitudine capitis 2 ad 2 et paulo in ejus longitudine; oculis diametro 4 ad $4\frac{1}{2}$ in longitudine capitis, diametro $\frac{2}{3}$ ad $\frac{3}{4}$ distantibus; linea rostro-frontali rectiuscula vel convexiuscula; rostro et osse suborbitali squamosis; maxilla superiore post oculum desinente, squamis conspicuis nullis; dentibus caninis utraque maxilla utroque latere 2 vel 1 mediocribus, intermaxillaribus quam inframaxillaribus longioribus; praeoperculo rotundato margine posteriore denticulis parvis aequalibus leviter serrato denticulis angularibus ceteris non majoribus; suboperculo edentulo; interoperculo margine posteriore superne tantum interdum leviter scabro; operculo spinis 3, media ceteris aequalibus longiore; linea laterali antice valde curvata apice curvaturae anterioris spinae dorsali 6^{ae} circ. opposito; squamis corpore ciliatis, angulum aperturae branchialis superiorem inter et basin pinnae cau-

dalis supra lineam lateralem in series 70 ad 80 transversas, infra lineam lateralem in series 65 ad 70 transversas dispositis ; squamis 35 circ. in serie
transversali basin pinnae ventralis inter et pinnam dorsalem-, 5 vel 6 lineam lateralem inter et spinam dorsi 6ᵐ ; squamis regione scapulo-postaxillari squamis mediis lateribus majoribus; cauda parte libera paulo breviore
quam postice alta; pinna dorsali spinosa spinis 1ᵃ et 2ᵃ ceteris brevioribus,
spinis sequentibus postrorsum longitudine sensim sed vix accrescentibus posticis 2½ ad 2⅔ in altitudine corporis, membrana inter singulas spinas profunde incisa non lobata; dorsali radiosa dorsali spinosa paulo altiore, radiis
longissimis 2 circ. in altitudine corporis; pectoralibus capite absque rostro
non ad vix brevioribus; ventralibus obtusis capitis parte postoculari brevioribus ; anali spina media ceteris longiore et fortiore oculo duplo circ. longiore,
parte radiosa dorsali radiosa non humiliore ; caudali rotundata capitis parte
postoculari non ad vix longiore; colore corpore superne fuscescente-rubro vel
aurantiaco-fusco, inferne roseo ; iride margine pupillari aurea ; dorso lateribusque nebulis diffusis fuscescentibus et interdum insuper maculis parvis
sparsis coerulescentibus ; capite et regione thoracica guttulis sat numerosis
fuscescente-aurantiacis vel rubris ; fascia oculo-operculari profunde fusca ; cauda
superne post basin pinnae dorsalis macula magna nigricante; pinnis fuscescente-aurantiacis vel aurantiacis diffuse fuscescente maculatis vel nebulatis ;
caudali postice fascia intramarginali transversa curvata nigra.

B. 7. D. 9/13 vel 9/14 vel 9/15. P. 2/15 vel 2/16. V. 1/5. A. 3/8 vel 3/9
vel 3/10. C. 1/15/1 et lat. brev.

Syn. *Labrus leopardus* Lac., Poiss III p. 517 tåb. 30 fig. 1.
   Serranus leopardus CV., Poiss. II p. 251 ; Günth., Cat. Fish. I p. 123.
   Serranus zanana CV., Poiss. II p. 254 ? ; Günth., Cat. Fish. I p. 123.
   Serranus spilurus CV., Poiss. IX p. 320 ; Blkr, Bijdr. ichth. Flores,
      Nat. T. Ned. Ind. VI p. 322.
   Epinephelus spilurus Blkr, Onz. not. ichth. Ternate, Ned. T. Dierk. I p. 252.
   Epinephelus zanana Blkr, Atl. Ichth. VII tab. 288, Perc. tab. fig. 2.
   Serranus Homfrayi Day, Fish. Andam. isl. Proc., Zool. Soc. 1870 p. 678 ?
Hab. Sumatra (Benculen) ; Sangir; Ternata ; Batjan (Labuha) ; Flores (Laran-
      tuca) ; Amboina; in mari.
Longitudo 9 speciminum 102''' ad 156'''.

Rem. La description du Serranus leopardus CV. ne laisse point de doute par rapport à l'identité de cette espèce avec celle qui fait le sujet de cet article. Valenciennes l'a décrite une seconde fois sous le nom de Serranus spilurus. Il est moins certain que le Serranus zanana CV., rapporté par M. Günther au spilurus, soit de la même espèce. Le leopardus est aisément à distinguer parmi les Epinephelus à neuf épines dorsales, outre les couleurs, par la formule des écailles, qui sont moins nombreuses, sur toutes les rangées, que dans toutes les autres espèces insulindiennes. La bande oculo-operculaire, la bandelette transversale sémilunaire sur la caudale et la tache foncée sur le haut de la queue complètent la diagnose.

Le leopardus habite, hors l'Insulinde, les mers de l'île Maurice, et aussi, à en juger d'après l'étiquette d'un individu du Muséum de Leide, les côtes de Chine.

Epinephelus Hoedti Blkr, Énum. espèc. poiss. Amboine, Ned. T. Dierk. II p. 277; Atl. Ichth. VII Tab. 283, Perc. tab. 5 fig. 2.

Epineph. corpore oblongo compresso, altitudine 2⅔ ad 2⅘ in ejus longitudine absque-, 3 ad 3⅕ in ejus longitudine cum pinna caudali; latitudine corporis 2⅕ ad 2⅓ in ejus altitudine; capite 3 fere ad 3 in longitudine corporis absque-, 3½ ad 3⅔ in longitudine corporis cum pinna caudali; altitudine capitis 1 et paulo-, latitudine capitis 2 circ. in ejus longitudine; oculis diametro 4½ ad 4⅘ in longitudine capitis, diametro ¾ ad 1 distantibus; linea rostro-frontali rectiuscula vel concaviuscula; rostro et osse suborbitali squamosis; maxilla superiore sub oculi margine posteriore vel vix post oculum desinente, postice squamulata; dentibus caninis utraque maxilla utroque latere 2 vel 1 parvis intermaxillaribus quam intermaxillaribus fortioribus; praeoperculo subrectangulo margine posteriore denticulis numerosis parvis angularibus ceteris conspicue majoribus interdum subspinaeformibus; suboperculo interoperculoque dentibus conspicuis nullis vel interoperculo superne tantum denticulis parcissimis; operculo spinis 3 media ceteris subaequalibus conspicue longiore; linea laterali valde curvata, apice curvaturae anterioris spinae dorsi 5ae vel 6ae opposito; squamis corpore ciliatis, angulum aperturae branchialis superiorem inter et basin pinnae caudalis supra lineam lateralem in series 140 circ. transversas, infra lineam lateralem in series 130 circ. transversas dispositis; squamis 90 circ. serie transversali basin pinnae ventralis inter et pinnam dorsalem, 23 circ. lineam lateralem inter et spinam dorsi 5m vel 6^m; squamis regione scapulo-postaxillari squamis mediis lateribus non majoribus; cauda parte libera altiore quam longa; pinna dorsali spinosa spinis mediocribus, 3^a, 4^a et 5^a ceteris longioribus $2\frac{2}{3}$ circ. in altitudine corporis, membrana inter singulas spinas mediocriter incisa vix vel non lobata ; dorsali radiosa obtusa, rotundata, dorsali spinosa non altiore, radiis longissimis $2\frac{1}{3}$ circ. in altitudine corporis; pectoralibus capitis parte postoculari longioribus; ventralibus acutiuscule vel obtusiuscule rotundatis capitis parte postoculari non vel vix brevioribus; anali spinis 2^a et 3^a subaequalibus oculo minus duplo longioribus, parte radiosa dorsali radiosa non humiliore; caudali truncata vel leviter emarginata angulis acuta capitis parte postoculari longiore; colore corpore coeruleo-violascente, pinnis dorsali, ventralibus analique violaceo; iride rosea superne violaceo punctulata; capite pinnisque guttulis parvis numerosis confertis violaceo-nigris; dorso lateribusque, junioribus guttulis et vittulis parvis longitudinalibus, aetate provectioribus guttulis tantum parvis numerosissimis confertis nigro-violaceis; pinnis dorsali spinosa superne et ventralibus inferne nigricante marginatis; dorsali radiosa superne-, anali radiosa inferne et caudali postice aurantiaco vel flavo marginatis, intra marginem nigricante-violaceis; pectoralibus et caudali majore parte aurantiacis vel flavis basi violascentibus, pectoralibus basi et interdum etiam dimidio libero violascente punctulatis.

B. 7. D. 11/15 vel 11/16 vel 11/17. P. 2/17. V. 1/5. A. 5/8 vel 5/9. C. 1/15/1 et. lat. brev.

Syn. *Luccesje plabou* Ren., Poiss. Mol. 1 tab. 29 fig. 158?

Serranus Hoedtii Blkr, Zesde bijdr. ichth. Amboina, Nat. T. Ned. Ind. VIII p. 406; Günth., Cat. Fish. I p. 139.

Hab. Celebes (Macassar); Amboina; in mari.

Longitudo 3 speciminum 180″ ad 265″.

Rem. L'Epinephelus striolatus (Serranus striolatus Playf.) de Zanzibar est assez voisin de l'espèce actuelle, mail il a les taches du corps et des nageoires plus grandes et beaucoup plus rares, la caudale arrondie, la tête plus petite, au moins un rayon de plus à la dorsale et à l'anale, etc. À en juger sur la figure (Fish. Zanzib. pl. 3 fig. 2) il a les écailles aussi petites que le Hoedti, mais je n'en vois point de formule. Le Hoedti a les rangées transversales et longitudinales d'écailles plus nombreuses qu'aucune des autres espèces insul-indiennes. Il paraît être assez rare. Je n'en ai vu que les trois individus de ma collection.

Epinephelus undulosus Blkr, Atl. Tab. 288, Perc. tab. 10 fig. 3.

Epineph. corpore oblongo compresso, altitudine $2\frac{4}{5}$ ad 3 in ejus longitudine absque-, $5\frac{1}{2}$ ad $5\frac{3}{4}$ in ejus longitudine cum pinna caudali; latitudine corporis 2 circ. in ejus altitudine; capite $2\frac{2}{3}$ ad 3 in longitudine corporis absque-, $3\frac{1}{3}$ ad $3\frac{2}{3}$ in longitudine corporis cum pinna caudali; altitudine capitis $1\frac{1}{4}$ ad $1\frac{1}{2}$, latitudine capitis $2\frac{1}{5}$ ad $2\frac{1}{4}$ in ejus longitudine; oculis diametro 4 ad 5 in longitudine capitis, diametro $\frac{3}{4}$ ad 1 distantibus; linea rostro-frontali rectiuscula, ante oculos concaviuscula; rostro et osse suborbitali squamosis; maxilla superiore sub oculi parte posteriore desinente postice squamulosa; dentibus caninis utraque maxilla utroque latere 2 vel 1 medioc ribus, inter-maxillaribus inframaxillaribus longioribus; praeoperculo subrectangulo, margine posteriore denticulis numerosis conspicuis, angulo dentibus majoribus (3 ad 5) spinaeformibus; suboperculo interoperculoque edentulis vel denticulis aliquot tactu magis quam visu conspicuis; operculo spinis 5, spina media ceteris brevissimis multo longiore; linea laterali mediocriter curvata apice curvaturae anterioris spinae dorsi 6^{ae} circ. opposito; squamis corpore ciliatis, angulum aperturae branchialis superiorem inter et basin pinnae caudalis supra lineam lateralem in series 130 circ. transversas, infra lineam lateralem in series 120 circ. transversas dispositis; squamis 80 circ. in serie transversali basin pinnae ventralis inter et dorsalem, 20 circ. lineam lateralem inter et spinam dorsi 6^m; squamis regione scapulo-postaxillari squamis mediis lateribus majo-ribus; cauda parte libera vix breviore quam postice alta; pinna dorsali spi-nosa spinis mediocribus, 3^a, 4^a et 5^a ceteris longioribus 2 et paulo ad $2\frac{3}{4}$ in altitudine corporis, membrana inter singulas spinas leviter emarginata non lobata; dorsali radiosa dorsali spinosa non altiore radiis longissimis $2\frac{1}{x}$ ad $2\frac{2}{3}$ in altitudine corporis; pectoralibus capitis parte postoculari longiori-bus; ventralibus acutiuscule rotundatis capitis parte postoculari longioribus; anali spinis 2^a et 3^a subaequalibus vel spina 3^a ceteris longiore oculo multo minus duplo longiore, parte radiosa dorsali radiosa non humiliore; cau-dali truncata vel leviter emarginata angulis acuta capitis parte postoculari longiore; colore corpore superne fuscescente vel umbrino, inferne dilutiore; iride rubra margine orbitali aurea; capite corporeque vittulis 12 circ. gracilibus profunde fuscis vel nigricantibus longitudinalibus undulatis oblique postrorsum plus minusve adscendentibus, singulis vittis frequenter interruptis

20

et capite interdum e punctis compositis ; pinnis fuscis vel aurantiaco–fuscis immaculatis.

B. 7. D. 11/17 vel 11/18 vel 11/19. P. 2/16 vel 2/17. V. 1/5. A. 3/8 vel 3/9.
C. 1/15/1 et lat. brev.

Syn. *Bodianus undulosu* QG., Zoolog. Voy. Freycin. Poiss. p. 310 (nec Serranus undulosus CV.).

Serranus amboinensis Blkr., Bijdr. ichthyol. Moluksche eil., Nat. T. Ned.
Ind. III p. 258.

Epenephelus amboinensis Blkr, En. poiss. Amboine, Ned. T. Dierk. II p. 277.

Hab. Celebes (Macassar) ; Amboina ; Waigiu ; in mari.

Longitudo 4 speciminum 115‴ ad 340‴.

Rem. Le Serranus undulosus QG. de Waigiou n'est point de l'espèce
américaine indiquée et brièvement décrite sous la même dénomination dans
la grande Histoire naturelle des poissons et dans le Catalogue de M.
Günther. L'espèce américaine, qu'on pourrait nommer dorénavant Epinephelus
Cuvieri, a les bandelettes brunes moins nombreuses, le corps varié de larges
taches oblongues noirâtres et onze rayons mous à l'anale, mais du reste elle
est encore trop peu connue pour qu'on puisse indiquer d'autres caractères
distinctifs. — Autrefois, comparant mes individus à la description de Cuvier, je croyai l'espèce actuelle inédite, mais depuis j'ai cru la reconnaitre
dans la description citée de Quoy et Gaimard.

Epinephelus amblycephalus Blkr, Enum. esp. poiss. Amboine, Ned.
T. Dierk. II p. 277; Atl. Ichth. Tab. 280, Perc. tab. 2 fig. 2.

Epineph. corpore oblongo compresso, altitudine 2⅘ circ. in ejus longitudine
absque-, 3½ circ. in ejus longitudine cum pinna caudali; latitudine corporis
1⅔ circ. in ejus altitudine; capite 2⅔ circ. in longitudine corporis absque; 3⅓
circ. in longitudine corporis cum pinna caudali; altitudine capitis 1¼ ad 1⅓-,
latitudine capitis 2 fere in ejus longitudine; oculis diametro 4½ circ. in longitudine capitis, diametro ⅔ circ. distantibus; linea rostro-frontali concaviuscula;
rostro osseque suborbitali totis squamosis; maxilla superiore vix post oculum
desinente, postice squamulis bene conspicuis; dentibus caninis utraque maxilla
utroque latere antice 2 vel 1 parvis, intermaxillaribus inframaxillaribus majo-

ribus; praeoperculo subrectangulo angulo rotundato, margine inferiore edentulo, margine posteriore anguloque dentibus numerosis, angularibus subspinaeformibus postrorsum spectantibus; suboperculo interoperculoque margine libero edentulis; operculo spinis 3, spina media ceteris multo longiore, spina superiore spina inferiore breviore; linea laterali mediocriter curvata apice curvaturae anterioris spinae dorsi 5^{ae} vel 6^{ae} opposito; squamis corpore angulum aperturae branchialis superiorem inter et basin pinnae caudalis supra lineam lateralem in series 130 circ. transversas, infra lineam lateralem in series 120 circ. transversas dispositis; squamis 80 circ. in serie transversali basin pinnae ventralis inter et pinnam dorsalem, 20 circ. lineam lateralem inter et spinam dorsalem 5^m vel 6^m; squamis regione scapulopostaxillari squamis mediis lateribus paulo majoribus; cauda parte libera breviore quam postice alta; pinna dorsali spinosa spinis validis, spinis 3^a, 4^a et 5^a ceteris longioribus 2$\frac{1}{3}$ circ. in altitudine corporis, membrana inter singulas spinas profunde incisa non lobata; dorsali radiosa dorsali spinosa vix altiore radiis longissimis 2$\frac{1}{4}$ circ. in altitudine corporis; pectoralibus capitis parte postoculari longioribus; ventralibus obtuse rotundatis capitis parte postoculari non vel vix brevioribus; anali spinis 2^a et 3^a subaequalibus oculo non multo longioribus, parte radiosa dorsali radiosa non humiliore; caudali leviter convexa capitis parte postoculari paulo longiore; colore corpore flavescente-umbrino vel fuscescente-aurantiaco; iride rubra margine pupillari aurea; capite corporeque fasciis 7 latis transversis violascente-fuscis; fascia anteriore oculari frontem et oculum amplectente et ante oculum et sub oculo in ramos 3 divisa ramo anteriore rostrali, ramo medio maxillari, ramo posteriore praeoperculari; fascia 2^a nuchali totam nucham fere tegente et operculo superne desinente; fascia 3^a dorso-thoracica pinnam dorsalem spinam 2^m inter et 6^m intrante et infra axillas desinente; fascia 4^a dorso-ventrali pinnam dorsalem spinam 7^m inter et 11^m intrante et ventre ante anum desinente; fasciis 5^a et 6^a dorsoanalibus, 5^a dorsalem radiosam antice intrante et spinas anales amplectente, 6^a dorsalem radiosam postice intrante et basin pinnae analis radiosae tegente; fascia 7^a caudali basi pinnae caudalis approximata; fasciis omnibus marginibus guttis nigris notatis; pinnis roseis vel roseo-flavescentibus; caudali dimidio basali fascia lata transversa fusca, dimidio posteriore guttis parcis pallide fuscis parum conspicuis.

B. 7. D. 11/16 vel 11/17. P. 2/18. V. 1/5. A. 3/8 vel 3/9. C. 1/15/1 et lat. brev.

20 *

Syn. *Serranus amblycephalus* Blkr, Act. Soc. Scient. Ind. Neerl., Achtste bijdr.
    vischf. Amboina p. 32; Günth., Cat. Fish. I p. 503.
Hab. Amboina, in mari.
Longitudo speciminis unici 301'''.

Rem. L'Epinephelus actuel doit être fort rare. Je n'en ai vu que le seul
individu de mon cabinet et il n'a pas été retrouvé jusqu'ici par d'autres. Il
est caractérisé par la formule des écailles et par les larges bandes transversales brunes de la tête et du trone bordées en avant et en arrière par des
gouttelettes noires.

Epinephelus Waandersii Blkr, Atl. Ichth. Tab. 281, Perc. tab. 3 fig. 1.

Epineph. corpore oblongo compresso, altitudine 3 circ. in ejus longitudine
absque-, 4 fere in ejus longitudine cum pinna caudali; latitudine corporis 2
fere in ejus altitudine; capite 3 fere in longitudine corporis absque-, $3\frac{2}{3}$ circ.
in longitudine corporis cum pinna caudali; altitudine capitis $1\frac{1}{3}$ circ.-, latitudine capitis $2\frac{1}{8}$ circ. in ejus longitudine; oculis diametro 4 circ. in longitudine
capitis, plus diametro $\frac{1}{4}$ distantibus; linea rostro-frontali concaviuscula; rostro
et osse suborbitali squamulatis; maxilla superiore sub oculi dimidio posteriore
desinente postice squamulata; dentibus caninis utraque maxilla utroque latere
antice 2 vel 1 parvis intermaxillaribus inframaxillaribus longioribus; praeoperculo subrectangulo, margine posteriore convexo denticulis numerosis conspicuis
angularibus aliquot ceteris longioribus; suboperculo interoperculoque denticulis conspicuis nullis; operculo spinis 3, spina media ceteris subaequalibus
longiore; linea laterali mediocriter curvata apice curvaturae anterioris spinae
dorsi 8^{ae} opposito; squamis corpore ciliatis, angulum aperturae branchialis
superiorem inter et basin pinnae caudalis supra lineam lateralem in series
150 circ. transversas, infra lineam lateralem in series 120 circ. transversas dispositis; squamis 70 ad 75 in serie transversali basin pinnae ventralis inter et pinnam dorsalem, 15 circ. lineam lateralem inter et spinam
dorsi 8^{m}; squamis regione scapulo-postaxillari squamis mediis lateribus
paulo majoribus; cauda parte libera aeque longa ac alta; pinna dorsali spinosa spinis mediocribus, spina 4^{a} ceteris longiore $2\frac{1}{3}$ circ. in altitudine corporis, membrana inter singulas spinas profunde incisa non lobata; dorsali radiosa dorsali spinosa altiore, radiis longissimis 2 circ. in altitudine corporis;

pinnis pectoralibus capitis parte postoculari sat multo longioribus; ventralibus acutiuscule rotundatis capitis parte postoculari vix longioribus; anali spinis 2ª et 3ª subaequalibus oculo minus duplo longioribus, parte radiosa dorsali radiosa non humiliore; caudali truncata vix convexa angulis acuta capitis parte postoculari sat multo longiore; corpore superne aurantiaco-fusco, lateribus fuscescento-aurantiaco, inferne roseo-aurantiaco ubique reti dilute coeruleo ornato cellulis retis hexagonis et pentagonis 25 circ. in serie longitudinali; iride flava superne fuscescente; fronte et vertice maculis rotundiusculis sat confertis aureis; pinnis pectoralibus aurantiacis, ceteris fusco-violaceis, omnibus reti coeruleo ornatis cellutis retis hexagonis et pentagonis; dorsali radiosa superne-, anali inferne-, caudali postice flavo marginatis.

B. 7. D. 11/16 vel 11/17. P. 2/16. V. 1/5. A. 3/8 vel 3/9. C. 1/15/1 et lat. brev. Syn. *Serranus Waandersii* Blkr, Derde bijdr. ichth. Bali, Nat. T. Ned. Ind. XVII p. 152.

Hab. Bali (Boleling), in mari.

Longitudo speciminis unici 253'''.

Rem. L'Epinephelus Waandersii rappelle, par les taches hexagonales du corps et des nageoires, l'Epinephelus merra et quelques autres espèces voisines du merra, mais il est bien essentiellement distinct tant par sa caudale tronquée que par la formule des écailles, dont les nombres sont de beaucoup supérieurs. C'est une espèce qui, par tous les rapports essentiels, est plus voisine des Epinephelus amblycephalus et undulosus.

Epinephelus celebicus Blkr, Enum. esp. poiss. Amboine, Ned. T. Dierk. II p. 277; Atl. Ichth. tab. 289, Perc. tab. 11 fig. 3.

Epineph. corpore oblongo compresso, altitudine 3 ad 3 et paulo in ejus longitudine absque-, 3¾ ad 4 fere in ejus longitudine cum pinna caudali; latitudine corporis 2 circ. in ejus altitudine; capite 2¾ ad 3 in longitudine corporis absque-, 3⅔ ad 3¾ in longitudine corporis cum pinna caudali; altitudine capitis 1½ ad 1⅓-, latitudine capitis 2 et paulo in ejus longitudine; oculis diametro 3¾ ad 4¼ in longitudine capitis, diametro ½ ad ⅔ distantibus; linea rostro-frontali rectiuscula; rostro et osse suborbitali squamosis; maxilla

superiore sub oculi limbo posteriore vel vix post oculum desinente, aetate
provectioribus postice squamulosa; dentibus caninis utraque maxilla utroque
latere antice 2 vel 1 parvis intermaxillaribus inframaxillaribus longioribus;
praeoperculo obtusangulo vel subrectangulo margine posteriore denticulis numerosis conspicuis, angularibus 2 ad 4 ceteris multo majoribus subspinaeformibus; suboperculo interoperculoque vulgo denticulis tactu magis quam
visu conspicuis; operculo spinis 3, spina media ceteris subaequalibus conspicue longiore; linea laterali mediocriter curvata apice curvaturae anterioris spinae dorsi 7^{ae} opposito; squamis corpore ciliatis, angulum aperturae
branchialis superiorem inter et basin pinnae caudalis supra lateralem in
series 100 ad 115 transversas, infra lineam lateralem in series 96 ad 110
transversas dispositis; squamis 60 circ. in serie transversali basin pinnae
ventralis inter et pinnam dorsalem, 12 ad 15 lineam lateralem inter et
spinam dorsi 7^m; squamis regione scapulo-postaxillari squamis mediis lateribus paulo majoribus; cauda parte libera breviore quam postice alta; pinna
dorsali spinosa spinis mediocribus, 3^a, 4^a et 5^a ceteris longioribus 1¾ ad
2½ in altitudine corporis, membrana inter singulas spinas profunde ad me-
diocriter incisa non lobata; dorsali radiosa dorsali spinosa paulo humiliore
radiis longissimis 2⅓ ad 2⅔ in altitudine corporis; pectoralibus capitis parte
postoculari sat multo longioribus; ventralibus acutiuscule vel acute rotun-
datis capitis parte postoculari non ad vix longioribus; anali spinis 2^a et 3^a
subaequalibus oculo minus duplo longioribus, parte radiosa dorsali radiosa
non humiliore; caudali capitis parte postoculari paulo ad multo longiore,
angulis acuta plus minusve producta, margine posteriore concaviuscula vel
concava; colore capite corporeque rufescente vel fuscescente-rufo, inferne dilutiore, pinnis aurantiaco vel rufo; iride flavescente margine pupillari aurea;
capite, corpore pinnisque omnibus guttis majoribus et minoribus maculisque
oblongo-rotundis numerosis sat confertis spatiis intermediis vulgo multo majoribus rufescente-fuscis; pinnis, dorsali radiosa inferne-, caudali postice flavo
marginatis.

B. 7. D. 11/16 vel 11/17 vel 11/18. P. 2/15 vel 2/16. V. 1/5. A. 3/8 vel 3/9.
C. 1/15/1 et lat. brev.

Syn. *Serranus celebicus* Blkr, Nieuwe bijdr. ichth. Celebes, Nat. T. Ned.
Ind. II p. 217; Günth., Catal. Fish. I p. 139; Klunz., Syn. Fisch.
R. M., Verh. z. b. Ges. Wien XX p. 678.

Serranus glaucus Day, Fish. Andaman isl., Proc. Zool. Soc. 1870 p. 678.

Hab. Sumatra (Priaman) ; Nias; Singapura; Bangka (Muntok, Tandjong-beri-
kat); Java (Batavia); Celebes (Bulucomba, Manado, Kema); Sumbawa ;
Batjan (Labuha) ; Amboina ; in mari.
Longitudo 11 speciminum 114''' ad 321'''.

Rem. Dans l'Epinephelus celebicus la formule des écailles est plus sujette
à des variations de quelque importance que dans la plupart des autres espèces
du genre. Dans les onze individus de mon cabinet le nombre des rangées transversales d'écailles au-dessus de la ligne latérale varie entre 99 et 115 et
celui de ces rangées au-dessons de la même ligne entre 96 et 110. Ces variations ne dépendent cependant nullement de l'âge des individus, les extrêmes
se trouvant précisément sur les deux plus grands individus, et les plus petits ayant les rangées en aussi grand nombre que les plus agés où elles sont
les plus nombreuses. L'espèce est du reste bien marquée parmi les espèces
à taches rouges ou brunes, par la forme anguleuse du préopercule et les
fortes dents de son angle, mais surtout par la forme tronquée ou même un
peu échancrée à angles pointus de la caudale et par la bordure jaune de la
dorsale molle et de la caudale. L'espèce n'est connue jusqu'ici, hors l'Insulinde, que des îles Andaman et de la Mer rouge.

Epinephelus variolosus Blkr, Enum. espèc. poiss. Amboina, Ned. T.
Dierk. II p. 277; Atl. Ichth. Tab. 300, Perc. tab. 22 fig. 3.

Epineph. corpore oblongo compresso, altitudine 3 ad $3\frac{1}{2}$ in ejus longitudine
absque-, $3\frac{5}{6}$ ad 4 in ejus longitudine cum pinna caudali; latitudine corporis
2 circ. in ejus altitudine; capite $2\frac{2}{3}$ ad 3 fere in longitudine corporis absque-,
$3\frac{1}{4}$ ad $3\frac{5}{6}$ in longitudine corporis cum pinna caudali; altitudine capitis $1\frac{1}{4}$ ad
$1\frac{1}{5}$-, latitudine capitis 2 ad 2 et paulo in ejus longitudine; oculis diametro
$3\frac{1}{5}$ ad 5 in longitudine capitis, diametro $\frac{1}{4}$ ad $\frac{2}{3}$ distantibus; linea rostro-
frontali rectiuscula ; rostro et osse suborbitali squamosis; maxilla superiore sub
oculi margine posteriore vel paulo post oculum desinente postice squamulosa;
dente canino utraque maxilla utroque latere mediocri, intermaxillari inframaxillari longiore; praeoperculo subrectangulo vel obtusangulo, margine posteriore
denticulis numerosis conspicuis angularibus aliquot ceteris conspicue majoribus
subspinaeformibus; suboperculo interoperculoque edentulis vel juvenilibus tantum
denticulis aliquot tactu magis quam visu conspicuis; operculo spinis 3 media

ceteris brevissimis multo longiore; linea laterali mediocriter curvata, apice curvaturae anterioris spinae dorsi 6^{ae} circ. opposito; squamis corpore ciliiatis, angulum aperturae branchialis superiorem inter et basin pinnae caudalis supra lineam lateralem in series 115 circ. transversas, infra lineam lateralem in series 100 circ. transversas dispositis; squamis 60 circ. in serie transversali basin pinnae ventralis inter et pinnam dorsalem, 15 lineam lateralem inter et spinam dorsi 6^m; squamis regione scapulo-postaxillari squamis mediis lateribus paulo majoribus; cauda parte libera breviore quam postice alta; pinna dorsali spinosa spinis mediocribus, 3^a et 4^a ceteris longioribus 2$\frac{1}{5}$ ad 2$\frac{1}{5}$ in altitudine corporis, membrana inter singulas spinas sat profunde incisa non lobata; dorsali radiosa dorsali spinosa vix altiore radiis longissimis 2 circ. in altitudine corporis; pectoralibus capitis parte postoculari longioribus; ventralibus acutiuscule rotundatis capitis parte postoculari vix longioribus ad paulo brevioribus; anali spina 2^a spina 3^a paulo ad non longiore oculo multo minus duplo longiore, parte radiosa dorsali radiosa non humiliore; caudali truncatiuscula margine posteriore vix ad non convexa capitis parte postoculari longiore; colore corpore fuscescente vel fuscescente-rufo; iride flavescente; capite corporeque ubique guttis magnis rufis vel lateritiis numerosis sat confertis spatiis intermediis corpore vulgo sed non multo majoribus pinnis vulgo sed non multo minoribus; pinnis pectoralibus flavescentibus immaculatis, ventralibus flavescentibus vel roseis lateritio guttatis, ceteris fuscescentibus vel rufescentibus vulgo guttis sat numerosis sparsis lateritiis; caudali dimidio inferiore violacea immaculata.
B. 7. D. 11/16 vel 11/17 vel 11/18. P. 2/15 vel 2/16. V. 1/5. A. 3/8 vel 3/9. C. 1/15/1 et lat. brev.

Syn. *Aselli species* Bont, Hist. nat. med. cap. 24 fig.

    Jacob Evertszen Nieuh., Gedenkw. Zee- en Lantreize, p. 272, fig. Cop. ap. Willi., Hist. Pisc. App. t. 6 fig. 1.

    Perca variolosa Forst, Mss. ap CV., Poiss. II p. 265.

    Serranus variolosus CV., Poiss. II p. 265; Blkr, Verh. Bat. Gen. XXII Perc. p. 35; Günth., Cat. Fish. I p. 139.

    Krapo-tutol et *Jacob Evertsen* Mal. Batav.; *Balong* Javan.

Hab. Java (Batavia, Bantam, Samarang, Surabaya, Bezuki, Tjilatjap); Madura (Kammal); Sumatra (Padang, Ulakan); Singapura; Bali (Boleling); Celebes (Badjoa); Buro (Kajeli); Amboina; in mari.

Longitudo 15 speciminum 116''' ad 320'''.

Rem. L'Epinephelus variolosus est une des espèces du genre les plus anciennement connues de l'Inde archipélagique, et à Batavia elle est une des plus communes du genre. Parmi les nombreuses espèces à corps et nageoires ornées de gouttelettes ou de taches brunes éparses elle se fait aisément reconnaître, à l'état frais, par la caudale dont la moitié inférieure est violette. Les taches rouges ou rousses s'effacent souvent par une conservation prolongée dans la liqueur, mais les individus décolorés se font encore aisément déterminer par la forme tronquée de la caudale et par la formule des écailles.

La chair de cette espèce, comme celle de la plupart des Epinepheli, est peu estimée. A Batavia elle n'est mangée que par les indigènes et par la population chinoise. Hors l'Insulinde le variolosus n'est connu jusqu'ici que de l'Océan Pacifique.

Epinephelus lanceolatus Blkr.

Epineph. corpore oblongo compresso, altitudine 3 ad 5 et paulo in ejus longitudine absque-, $3\frac{2}{3}$ ad 4 fere in ejus longitudine cum pinna caudali; latitudine corporis $1\frac{3}{5}$ ad 2 fere in ejus altitudine; capite $2\frac{3}{4}$ ad 5 in longitudine corporis absque-, $5\frac{1}{3}$ ad $3\frac{2}{3}$ in longitudine corporis cum pinna caudali; altitudine capitis $1\frac{1}{3}$ circ., latitudine capitis $1\frac{3}{5}$ ad 2 in ejus longitudine; oculis diametro 5 ad 6 in longitudine capitis, diametro $\frac{2}{3}$ ad $1\frac{1}{2}$ distantibus; linea rostro-frontali rectiuscula vel convexiuscula; rostro et osse suborbitali squamosis; maxilla superiore sat longe post oculum desinente, postice juvenilibus alepidota aetate provectioribus squamulosa; dentibus caninis utraque maxilla utroque latere antice 2 vel 1 parvis intermaxillaribus inframaxillaribus paulo longioribus; praeoperculo obtuse rotundato, margine posteriore denticulis numerosis parvis angularibus ceteris paulo majoribus; suboperculo interoperculoque edentulis; operculo spinis 3, spina media debili spinis ceteris rudimentariis longiore, spinis superiore et inferiore aetate provectioribus plane inconspicuis; linea laterali mediocriter curvata apice curvaturae anterioris spinae dorsi 5ae vel 6ae opposito; squamis corpore non ciliatis, angulum aperturae branchialis superiorem inter et basin pinnae caudalis supra lineam lateralem in series 100 circ. transversas, infra lineam lateralem in series 95 circ. transversas dispositis; squamis 65 circ. in serie transversali basin pinnae ventralis inter et pinnam dorsalem, 15 vel 16 lineam lateralem inter et spinam dorsi 5ᵐ vel 6ᵐ; squamis regione scapulo-postaxillari

squamis mediis lateribus conspicue majoribus; cauda parte libera breviore
quam postice alta; pinna dorsali spinosa spinis mediocribus, spinis 2 anterioribus ceteris brevioribus, spinis 9 sequentibus subaequalibus vel postrorsum
longitudine vix accrescentibus 3 circ. in altitudine corporis, membrana inter
singulas spinas sat profunde incisa leviter lobata; dorsali radiosa dorsali spinosa altiore radiis longissimis 2 ad $2\frac{1}{3}$ in altitudine corporis; pectoralibus capitis parte postoculari paulo ad non longioribus; ventralibus acutiuscule vel
obtusiuscule rotundatis capitis parte postoculari sat multo brevioribus; anali
spinis 2^a et 3^a subaequalibus vel spina 3^a spina 3^a paulo et oculo minus duplo
longiore, parte radiosa dorsali radiosa non humiliore; caudali rodundata capitis
parte postoculari non ad paulo longiore; capite corporeque juvenilibus flavis,
fasciis 5 latis transversis nigro-fuscis, fascia 1^a oculo-maxillari, fascia 2^a nucho-
operculari, fascia 3^a dorso-ventrali latissima medio valde coarctata, fascia 4^a
dorso-anali, fascia 5^a caudali; fasciis aetate paulo provectioribus maculis irregularibus flavis notatis et aetate provectis plane evanescentibus; rostro et maxillis ex parte fuscis capite corporeque aetate provectis fuscescentibus maculis
numerosis irregularibus flavescentibus variegatis adultis fuscescentibus fusco profundiore nebulatis maculis nullis; pinnis omni aetate flavis guttis vel vittulis
vel fasciis brevibus sat numerosis fuscis vel nigris; iride rosea vel flavescente
margine pupillari aurea.
B. 7. D. 11/14 vel 11/15 vel 11/16. P. 2/17 vel 2/18. V. 1/5. A. 3/8 vel 3/9.
  C. 1/15/1 et lat. brev.
Syn. *Holocentrus lanceolatus* Bl., Ausl. Fisch. IV p. 92 tab. 242 fig. 1; Bl.
    Schn., Syst. p. 315; Lac., Poiss. IV p. 380, 383.
    Suggalathoo bontoo Russ., Fish. Corom. II p. 23 fig. 130.
    Serranus lanceolatus CV., Poiss. II p 235; Blkr, Verh. Bat. Gen. XXII.
      Perc. p. 35; Cant., Catal. Mal. Fish. p. 8; Günth., Cat. Fish. I. p. 107;
      Day, Fish. Cochin, Proc. Zool. Soc. 1865 p. 6; Fish. Malab. p. 4
      tab. 1 fig. 1 (an et fig. 2?).
    Serranus horridus Cant., Catal. Mal. Fish. p. 9? (nec K. V. H.).
    Krapo—bebeh Mal.
Hab. Singapura; Bangka (Muntok, Toboali); Java (Batavia, Samarang); Celebes
    (Macassar); Goram; in mari.
Longitudo 5 speciminum 165″ ad 333‴. Adest insuper in museo meo specimen
    longitudinis 530‴ ubi color corporis fuscescens fusco profundiore nebula-
    tus sed pinnarum flavus guttis nigricantibus varius.

Rem. Cette espèce n'est identique ni avec le fuscoguttatus (horridus) ni avec le suillus. Jamais dans les lanceolatus adultes le corps n'est marqué de taches rondes brunes ou noirâtres, mais ce sont au contraire les nageoires où les taches noires se dessinent nettement même dans les individus de plus d'un demi-mètre de long. — M. Day figure l'adulte du lanceolatus comme ayant le corps couvert d'un réseau noirâtre et les nageoires couvertes de gouttelettes noirâtres petites et nombreuses. J'ai vu des individus âgés colorés de la même manière, mais ils sont bien positivement distincts du Serranus horridus K. V. H., dont les adultes conservent le même système de coloration que les jeunes. — Le lanceolatus est remarquable par les écailles du corps à bord libre non cilié et complétement lisse, caractère qu'il a de commun avec les espèces de Cromileptes. Puis encore c'est de toutes les espèces que je connais sur nature celle qui a le front le plus large. La tête vu de devant rappelle quelque peu les Ophiocéphales. La distance entre les yeux est de beaucoup plus que le diamètre de l'oeil, même dans les individus du jeune âge, caractère que je ne retrouve dans aucune des plus de cinquante espèces de mon cabinet.

Epinephelus maculatus Blkr, Atl. Ichth. Tab. 286, Perc. tab. 8 fig. 3; Tab. 289, Perc. tab. 11 fig. 2; Tab. 294, Perc. tab. 16 fig. 2.

Epin. corpore oblongo compresso, altitudine 3 fere ad $3\frac{1}{2}$ in ejus longitudine absque-, $3\frac{1}{4}$ ad 4 fere in ejus longitudine cum pinna caudali; latitudine corporis 2 fere ad 2 in ejus altitudine; capite $2\frac{4}{5}$ ad 3 in longitudine corporis absque-, $3\frac{1}{2}$ ad $3\frac{2}{3}$ in longitudine corporis cum pinna caudali; altitudine capitis 1 et paulo ad $1\frac{1}{3}$, latitudine capitis 2 et paulo ad $2\frac{1}{4}$ in ejus longitudine; oculis diametro 4 ad $4\frac{1}{2}$ in longitudine capitis, diametro $\frac{2}{5}$ ad $\frac{1}{2}$ circ. distantibus; linea rostro-frontali rectiuscula vel convexiuscula; rostro et osse suborbitali squamosis; maxilla superiore sub oculi margine posteriore vel vix post oculum desinente, postice squamulosa; dentibus caninis utraque maxilla utroque latere antice 2 vel 1 parvis, intermaxillaribus inframaxillaribus longioribus; praeoperculo obtusangulo, margine posteriore denticulis numerosis sat conspicuis angularibus ceteris majoribus; suboperculo edentulo; interoperculo laevi vel denticulis vix conspicuis scabro; operculo spinis 3, spina media ceteris subaequalibus conspicue longiore; linea laterali mediocriter curvata, apice curvaturae anterioris spinae doisi 6æ vel 7æ opposito; squamis corpore ciliatis, angulum aperturae branchialis superiorem inter et ba-

21*

sin pinnae caudalis supra lineam lateralem in series 100 ad 105 transversas, infra lineam lateralem in series 95 ad 100 transversas dispositis;
squamis 60 circ. in serie transversali basin pinnae ventralis inter et pinnam
dorsalem, 11 ad 13 lineam lateralem inter et spinam dorsi 6ᵐ vel 7ᵐ
squamis regione scapulo–postaxillari squamis mediis lateribus vix majoribus; cauda parte libera breviore quam postice alta; pinna dorsali spinosa
spinis validis, 3ᵃ, 4ᵃ et 5ᵃ spinis posterioribus multo longioribus 1⅔ ad
2 in altitudine corporis, membrana inter singulas spinas mediocriter vel profunde incisa non lobata; dorsali radiosa dorsali spinosa humiliore, radiis longissimis 2⅓ circ. in altitudine corporis; pectoralibus capitis parte postoculari
longioribus; ventralibus obtusiuscule vel acutiuscule rotundatis capitis parte
postoculari paulo ad non brevioribus; anali spinis 2ᵃ et 3ᵃ subaequalibus oculo
non multo longioribus, parte radiosa dorsali radiosa non humiliore; caudali
postice valde convexa capitis parte postoculari longiore; colore corpore *aetate
provectioribus* fuscescente-umbrino vel fuscescenté-griseo; iride inferne fuscescente-rubra superne flavescente-viridi margine pupullari aurea; pinnis
imparibus umbrinis vel aurantiaco-fuscescentibus flavo marginatis, paribus
flavescentibus vel aurantiacis; guttis fuscis vel nigricante-fuscis spatiis intermediis vulgo minoribus capite sparsis parcioribus, pinnis plus minusve regulariter seriatis dorsali et anali praesertim crebrioribus; maculis corpore sat
numerosis rotundis vel oblongis obliquis spatiis intermediis paulo ad multo
minoribus vel majoribus sparsis vel irregulariter transversim seriatis; — colore
juvenilibus corpore pinnisque umbrino-fusco; maculis magnis albis dorso 3
pinnam dorsalem intrantibus, anteriore nuchali, media sub spinis dorsi posterioribus, posteriore dorso caudae; maculis irregularibus albis insuper minoribus capite, lateribus pinnisque parcis sparsis; guttis fuscis corpore pinnisque
quam aetate provectis parcioribus; cauda postice vitta transversa alba.

B. 7. D. 11/16 vel 11/17 vel 11/18. P. 2/16 vel 2/17. V. 1/5 A. 3/8 vel
      3/9. C. 1/15/1 et lat. brev.

Syn. *Perca tota maculis fuscis et punctis albis varia pinna dorsi aculeis 11*
      Seb., Thesaur. III p. 76 tab. 27 fig. 7.

   Holocentrus maculatus Bl., Ausl Fisch. IV p. 96 tab. 242 fig. 3; Bl.
      Schn., Syst. p. 315.

   Holocentrus albofuscus Lac., Poiss. IV p. 384, 585.

   Serranus Quoyanus CV., Poiss. VI p. 590; Günth., Catal. Fish. I
      p. 123.

Serranus Gaimardi CV., Poiss. VI p. 391 ; Zool. Voy. Astrol. Poiss.
    p. 656 tab. 3 fig. 3? ; Blkr, Diagn. n. vischs. Batavia, Nat. T. Ned.
    Ind. IV p. 455 ; Güntb., Catal. Fish. I p. 150.

Serranus miliaris CV., Poiss. VI p. 391.

Serranus Sebae Blkr, Vijfde bijdr. ichth. Amb., Nat. T. Ned. Ind. VI
    p. 488 ; Günth., Cat. Fish. I p. 137.

Serranus maculatus Blkr, Bijdr. ichth. Boeroe, Nat. T. Ned. Ind. XI
    p. 398 (nec Günth.).

Serranus albofuscus Günth., Cat. Fish. I p. 108.

Epinephelus Sebae Blkr., Enum. Poiss. Amboine, Ned. T. Dierk. II p. 277.

Serranus longispinis Kner, Zool. Reise Novara, Fisch. p. 27 tab. 2 fig.
    2 ; Playf. Günth., Fish. Zanzib. p. 10.

Epinephelus albofuscus Blkr, Atl. Ichth. Tab. 304, Perc. tab. 26 fig. 2.
Krapo–tutol Mal.

Hab. Java (Batavia) ; Celebes (Macassar, Manado, Gorontalo) ; Ternata ; Batjan
    (Labuha) ; Buro (Kajeli) ; Amboina ; Timor (Atapupu) ; Nova-Guinea
    (or. septentr.) ; in mari.

Longitudo 12 speciminum 90''' ad 276'''.

Rem. Une belle série d'individus de cette espèce, montrant les transitions
successives des couleurs, prouve l'identité des espèces décrites sous les noms
de maculatus, Gaimardi et Sebae. Les grandes taches blanches nettement
marquées dans les jeunes individus sont déjà faibles dans ceux de plus de
100''' de long et ne se voient plus du tout dans l'âge plus avancé, où le
corps et les nageoires sont d'une couleur uniforme et couvertes de gouttelettes
ou de petites taches obliques brunes plus petites que les interstices entre elles.
Le caractère le plus essentiel pour bien distinguer le maculatus des autres
espèces à gouttelettes brunes se trouve dans les épines dorsales, les 2e, 3e,
4e épines et surtout la 5e étant beaucoup plus longues que les épines pos-
térieurse.

L'espèce est connue habiter aussi les mers de Zanzibar, de Madras et
de Chine.

. *Epinephelus pantherinus* Blkr.

Epineph. corpore oblongo compresso, altitudine 3 et paulo ad $3\frac{4}{5}$ in ejus longitudine absque-, 4 et paulo ad $4\frac{3}{5}$ in ejus longitudine cum pinna caudali; latitudine corporis $1\frac{1}{2}$ ad 2 in ejus altitudine; capite $2\frac{4}{5}$ ad 3 et paulo in longitudine corporis absque-, $3\frac{2}{5}$ ad $3\frac{4}{5}$ in longitudine corporis cum pinna caudali; altitudine capitis $1\frac{1}{4}$ ad $1\frac{2}{5}$-, latitudine capitis $1\frac{1}{2}$ ad 2 et paulo in ejus longitudine; oculis diametro $5\frac{2}{3}$ ad 6 in longitudine capitis, diametro $\frac{1}{4}$ ad plus quam 1 distantibus; linea rostro-frontali rectiuscula; rostro et osse suborbitali juvenilibus alepidotis aetate provectis squamulosis; maxilla superiore sub oculi margine posteriore vel post oculum desinente juvenilibus alepidota, aetate provectis postice squamulosa; dentibus caninis utraque maxilla utroque latere 2 vel 1 mediocribus, intermaxillaribus inframaxillaribus vulgo longioribus; praeoperculo obtusangulo, margine posteriore denticulis numerosis conspicuis angularibus aliquot ceteris majoribus interdum subspinaeformibus; suboperculo interoperculoque denticulis conspicuis nullis; operculo spinis 3, media ceteris subaequalibus conspicue longiore; linea laterali parum curvata apice curvaturae anterioris spinae dorsi 5^{ae} vel 6^{ae} opposito; squamis corpore ciliatis, angulum aperturae branchialis superiorem inter et basin pinnae caudalis supra lineam lateralem in series 105 ad 110 transversas, infra lineam lateralem in series 95 ad 100 transversas dispositis; squamis 60 circ. in serie transversali basin pinnae ventralis inter et pinnam dorsalem, 15 circ. lineam lateralem inter et spinam dorsi 5^m vel 6^m; squamis regione scapulo-postaxillari squamis mediis lateribus non vel vix majoribus; cauda parte libera vix breviore quam postice alta; pinna dorsali spinosa spinis mediocribus, 4^a, 5^a et 6^a ceteris longioribus 2 et paulo ad $2\frac{1}{4}$ in altitudine corporis, membrana inter singulas spinas profunde incisa non lobata; dorsali radiosa dorsali spinosa altiore radiis longissimis $1\frac{2}{3}$ ad 2 in altitudine corporis; pectoralibus capitis parte postoculari paulo ad non longioribus; ventralibus acutiuscule vel obtusiuscule rotundatis capitis parte postoculari brevioribus; anali spina 2^a spina 3^a non ad non multo et oculo multo minus duplo longiore, parte radiosa dorsali radiosa non humiliore; caudali rotundata capitis parte postoculari longiore; colore corpore fuscescente vel fuscescente-griseo vel fuscescente-olivaceo; iride flavescente vel viridescente margine pupillari aurea; corpore junioribus et frequenter etiam aetate sat provectis fasciis 5 transversis fuscis obliquis spatiis intermediis latioribus antrorsum descendentibus, fascia 1ª dorso-axillari, fasciis 2ª et 3ª dorso-ventralibus, fascia 4ª dorso-anali, fascia 5ª caudali; pinnis olivascentibus vel sordide aurantiacis; corpore pinnisque vulgo omnibus juvenilibus et aetate provectis guttis magnis lateritiis vel fuscis sparsis numerosis spatiis intermediis vulgo paulo minoribus; dorsali spinosa interdum nigricante marginata.

B. 7. D. 11/15 vel 11/16. P. 2/17 vel 2/18. V. 1/5. A. 3/8 vel 3/9. C. 1/15/1 et lat. brev.

Syn. *Holocentrus pantherinus* Lac., Poiss. III tab. 27 fig. 5; IV p. 389, 392.

> *Bontoo* et *Madinawu bontoo* Russ., Fish. Corom. II p. 20, 22 fig. 127, 128.

> *Bola?* *coioides* Ham. Buch., Gang. Fish. p. 83.

> *Serranus pantherinus, maculosus, bontoo, suillus, crapao* CV., Poiss. II p. 248–250; III p. 564; Günth., Cat. Fish. I p. 127, 137, 138.

> *Serranus diacopaeformis* Benn., Mem. Lif. Raffl. Coll. Fish. Sum. p. 686.

> *Serranus crapao* Rich., Contr. ichth. Austral., Ann. Nat. Hist. IX 1842 p. 25; Blkr, Verh. Bat. Gen. XXII Perc. p. 37; Günth., Cat. Fish. I p. 137.

> *Serranus bontoo* Cant., Catal. Mal. Fish. p. 11; Day, Fish. Malab. p. 3.

> *Serranus coioides* Cant., Cat. Mal. Fish. p. 11.

> *Serranus suillus* Playf. Günth., Fish. Zanzib. p. 5?

> *Epinephelus crapao* Blkr, Enum. Poiss. Amboine, Ned. T. Dierk. II p. 277; Atl. Ichth. Tab. 286, Perc. tab. 8 fig. 1.

> *Krapu-lumpur* Mal.; *Balong* Sund.

Hab. Sumatra (Telokbetong, Benculen, Padang, Priaman); Pinang; Singapura; Bintang (Rio); Bangka (Karangbadji, Marawang); Java (Batavia, Bantam, Samarang, Surabaya, Pasuruan); Madura (Kammal); Borneo (Sinkawang, Sungiduri, Sampit); Celebes (Macassar, Badjoa); Timor (Kupang); Batjan (Labuha); Amboina; Arch. Philippin; in mari et ostiis fluviorum.

Longitudo 17 speciminum 98''' ad 445'''.

Rem. Je crois devoir réunir sous une même dénomination spécifique les espèces nominales, publiées sous les noms de pantherinus, coioides, maculosus, bontoo, suillus et crapao, mais je dois noter qu'aucun des auteurs de ces espèces a constaté les formules des écailles. Du reste les bandes transversales et les taches des nageoires disparaissent souvent avec l'âge des individus et elles s'effacent souvent aussi par une conservation prolongée dans la liqueur. Comme dans le polypodophilus la tête devient relativement moins haute avec l'âge des individus.

Le pantherinus, fort commun à Batavia, est une des rares espèces d'Epinephelus qui aiment les eaux saumâtres des embouchures des fleuves. Elle n'est mangée aux Indes néerlandaises que par les populations indigènes et chinoise.

Hors l'Insulinde le pantherinus habite les côtes de Zanzibar, de Madagascar, de Malabar, de Coromandel, du Bengale et des îles Andaman.

Epinephelus Janseni Blkr, Atl. Ichth. Tab. 289, Perc. tab. 11 fig. 5.

Epineph. corpore oblongo compresso, altitudine $3\frac{1}{4}$ circ. in ejus longitudine absque-, 4 fere in ejus longitudine cum pinna caudali; latitudine corporis 2 circ. in ejus altitudine; capite $2\frac{2}{3}$ circ. in longitudine corporis absque-, $3\frac{1}{4}$ circ. in longitudine corporis cum pinna caudali; altitudine capitis $1\frac{2}{3}$ circ., latitudine capitis 2 et paulo in ejus longitudine; oculis diametro 4 et paulo in longitudine capitis, diametro $\frac{1}{2}$ circ. distantibus; linea rostro-frontali convexiuscula; rostro squamoso; osse suborbitali squamis conspicuis nullis; maxilla superiore post oculum desinente postice alepidota; dente canino maxilla superiore utroque latere antice unico sat magno, maxilla inferiore nullo; praeoperculo obtusangulo angulo rotundato, margine posteriore denticulis numerosis angularibus ceteris majoribus; suboperculo interoperculoque denticulis conspicuis nullis; operculo spinis 3, media ceteris longiore inferiore ceteris breviore; linea laterali mediocriter curvata apice curvaturae anterioris spinae dorsi 6^{ae} opposito; squamis corpore ciliatis, angulum aperturae branchialis superiorem inter et basin pinnae caudalis supra lineam lateralem in series 105 circ. transversas, infra lineam lateralem in series 95 circ. transversas dispositis; squamis 65 circ. in serie transversali basin pinnae ventralis inter et pinnam dorsalem, 15 vel 16 lineam lateralem inter et spinam dorsi 6^m; squamis regione scapulo-postaxillari squamis mediis lateribus non majoribus; cauda parte libera breviore quam postice alta; pinna dorsali spinosa spinis mediocribus, 1^a et 2^a sequentibus brevioribus, ceteris subaequalibus plus quam 2 in altitudine corporis, membrana inter singulas spinas sat profunde incisa non lobata; dorsali radiosa dorsali spinosa altiore, radiis longissimis $1\frac{2}{3}$ circ. in altitudine corporis; pectoralibus capitis parte postoculari vix longioribus; ventralibus obtusiuscule rotundatis capitis parte postoculari brevioribus; anali spina 2^a spinis ceteris longiore oculo minus duplo longiore, parte radiosa dorsali radiosa non humiliore; caudali valde convexa rotundata capitis parte postoculari longiore; colore corpore superne fuscescente– vel umbrino-viridi, inferne aurantiaco vel dilute roseo; iride rubra margine pupillari aurea; capite corporeque maculis fuscis superne ex parte angulatis valde confertis ex parte rotundiusculis spatiis intermediis majoribus lateribus inferneque minus confertis rotundiusculis; maxillis fasciis pluribus transversiis fuscis; pinnis aurantiacis maculis fuscis dorsali spinosa in series obliquas dispositis, dorsali radiosa, ventralibus, anali caudalique parcis rotundis centro guttula nigra notatis; pectoralibus maculis fuscis vittas transversas 5 vel 6 efficientibus.

B. 7. D. 11/14 vel 11/15. P. 2/17. V. 1/5. A. 3/8 vel 3/9. 1/15/1 et lat. brev·
Syn. *Serranus Jansenii* Blkr, Bijdr. ichth. Sangir, Nat. T. Ned. Ind. XIII p. 376.
Hab. Insul. Sangi, in mari.
Longitudo speciminis unici 106‴.

Rem. L'Epinephelus Janseni appartient, par le système de coloration du corps et des nageoires et par l'écaillure, au groupe des Epinephelus maculatus, corallicola et bontoides, et est le plus voisin du dernier. Il a les formes générales du bontoides et, comme celui-ci, les huit épines dorsales postérieures d'égale longueur, mais il en est encore distinct par plusieurs caractéres, par les taches du corps et des nageoires impaires qui sont plus grandes, par les pectorales et les ventrales à taches noirâtres et surtout par les écailles, dont les nombres sont de beaucoup supérieurs à ceux du bontoides.

Epinephelus macrospilus Blkr, Enum. poiss. Amboine, Ned. T. Dierk. II p. 277; Atl. Tab. 290, Perc. tab. 12 fig. 2.

Epineph. corpore oblongo compresso, altitudine 3 fere ad 3⅓ in ejus longitudine absque-, 3⅗ ad 4 et paulo in ejus longitudine cum pinna caudali; latitudine corporis 1½ ad 2 in ejus altitudine; capite 2⅗ ad 2¾ in longitudine corporis absque-, 3¼ ad 3⅗ in longitudine corporis cum pinna caudali; altitudine capitis 1⅓ ad 1½-, latitudine capitis 2 circ. in ejus longitudine; oculis diametro 3 et paulo ad 4 in longitudine capitis, diametro ⅓ ad ½ distantibus; linea rostro-frontali convexa; rostro et osse suborbitali squamosis; maxilla superiore post oculum desinente postice squamulata vel alepidota; dentibus caninis utraque maxilla utroque latere 2 vel 1 parvis intermaxillaribus infra-

22

maxillaribus paulo longioribus; praeoperculo obtusangulo margine posteriore
denticulis numerosis angularibus ceteris majoribus; suboperculo interoperculoque denticulis conspicuis nullis; operculo spinis 3 media ceteris subaequalibus conspicue longiore; linea laterali mediocriter curvata, apice curvaturae anterioris spinae dorsi 6^{ae} circ. opposito; squamis corpore ciliatis,
angulum aperturae branchialis superiorem inter et basin pinnae caudalis
supra lineam lateralem in series, 95 circ. transversas, infra lineam lateralem in series 80 circ. transversas dispositis; squamis 50 circ. in serie
transversali basin pinnae ventralis inter et pinnam dorsalem, 12 ad 14 lineam lateralem inter et spinam dorsi 6^{m}; squamis regione scapulo-postaxillari squamis mediis lateribus non majoribus; cauda parte libera altiore
quam longa; pinna dorsali spinosa spinis mediocribus 4^{a}, 5^{a} et 6^{a} ceteris
longioribus 2 circ. in altitudine corporis, membrana inter singulas spinas mediocriter incisa non lobata; pinna dorsali radiosa dorsali spinosa non altiore radiis longissimis 2 circ. in altitudine corporis; pinnis pectoralibus capitis parte postoculari longioribus; ventralibus obtusiuscule vel acutiuscule
rotundatis capitis parte postoculari non vel vix brevioribus; anali spina 2^{a}
spina 3^{a} longiore et fortiore oculo duplo fere longiore, parte radiosa dorsali
radiosa humiliore; caudali rotundata capitis parte postoculari longiore; colore
corpore viridescente-umbrino vel umbrino-griseo vel umbrino-fusco; iride flavescente vel rosea margine pupillari aurea; capite corporeque maculis magnis
rotundis nigricante-fuscis parcis spatiis intermediis vulgo majoribus, 7 vel 8
tantum in linea laterali, 4 circ. in serie transversali; pinnis pectoralibus,
ventralibus et anali juvenilibus totis fere nigricante-violaceis aetate provectioribus dilutioribus vel umbrino-aurantiacis fusco guttatis, pectoralibus et
anali flavo marginatis; dorsali flavescente vel aurantiaca guttis magnis parcis
fuscis vel nigris, dorsali radiosa flavo marginata; caudali aurantiaca vel dimidio posteriore fusca vel nigricante flavo marginata et guttis magnis parcis
nigris.

B. 7. D. 11/17 vel 11/18. P. 2/17. V. 1/5. A. 3/8 vel 3/9. C. 1/15/1 et lat. brev.
Syn. *Serranus macrospilos* Blkr, Derde bijdr. ichth. Batjan, Nat. T. Ned. Ind.
      IX p. 499; Günth., Catal. Fish. 1 p. 149.
Hab. Java (Karangbollong; Prigi); Celebes (Manado); Batjan (Labuha); Solor
      (Lawajong); Amboina; in mari.
Longitudo 7 speciminum 70''' ad 135'''.

Rem. Cette espèce est plus voisine du Gilberti que des autres espèces à taches brunes, tant pas sa physionomie que par les épines dorsales et la formule de l'écaillure. Elle s'en fait cependant aisément distinguer par la forme moins trapue du corps, par les pectorales qui sont plus courtes et par les taches du corps qui sont rondes et plus éparses et plus foncées surtout celles des nageoires qui sont d'un brun noirâtre ou noires. La formule des écailles présente la particularité qu'il y a quinze rangées transversales de moins au-dessous qu'au-dessus de la ligne latérale ($\frac{95}{80}$). Dans le Gilberti cette formule est = $\frac{90}{85}$. Peut-être qu'aussi la présence, dans le macrospilus, d'au moins un rayon de plus à la pectorale soit d'une signification spécifique.

Epinephelus corallicola Blkr.

Epineph. corpore oblongo compresso, altitudine 3 fere ad 3 in ejus longitudine absque-, $3\frac{1}{4}$ ad $3\frac{5}{8}$ in ejus longitudine cum pinna caudali; latitudine corporis $1\frac{3}{4}$ ad 2 in ejus altitudine; capite $2\frac{4}{5}$ ad 5 in longitudine corporis absque-, $3\frac{2}{5}$ ad $3\frac{2}{9}$ in longitudine corporis cum pinna caudali; altitudine capitis $1\frac{3}{5}$ ad $1\frac{1}{5}$ in ejus longitudine; oculis diametro $4\frac{1}{4}$ ad 5 in longitudine capitis, diametro $\frac{1}{2}$ ad 1 fere distantibus; linea rostro-frontali rectiuscula vel concaviuscula; rostro et osse suborbitali squamosis; maxilla superiore, sub oculi parte posteriore vel post oculum desinente, junioribus squamis conspicuis nullis aetate provectioribus squamulosa; dentibus caninis utraque maxilla utroque latere antice 2 vel 1 parvis intermaxillaribus inframaxillaribus longioribus; praeoperculo obtuse rotundato, margine posteriore denticulis numerosis sat conspicuis angularibus ceteris non vel vix majoribus; suboperculo interoperculoque margine posteriore edentulis; operculo spinis 3 media ceteris subaequalibus longiore; linea laterali mediocriter curvata, apice curvaturae anterioris spinae dorsi 6^{ae} vel 7^{ae} opposito; squamis corpore ciliatis, angulum aperturae branchialis superiorem inter et basin pinnae caudalis supra lineam lateralem in series 95 circ. transversas, infra lineam lateralem in series 85 ad 90 transversas dispositis; squamis 55 circ. in serie transversali basin pinnae ventralis inter et pinnam dorsalem, 14 circ. lineam lateralem inter et spinam dorsi 6^{m} vel 7^{m}; squamis regione scapulo-postaxillari squamis mediis lateribus paulo majoribus; cauda parte libera breviore quam postice alta; pinna dorsali spinosa spinis mediocribus 3^{a} et 4^{a} ceteris longioribus $2\frac{1}{2}$ ad 2^{1} in altitudine corporis, membrana inter singulas spinas

22*

profunde incisa non lobata; dorsali radiosa dorsali spinosa paulo altiore radiis longissimis 2 fere ad 2 in altitudine corporis; pinnis pectoralibus capite absque rostro brevioribus; ventralibus acutiuscule rotundatis capitis parte postoculari non ad paulo brevioribus; anali spina media spina 3ᵃ vulgo longiore et fortiore oculo minus duplo longiore, parte radiosa dorsali radiosa non humiliore; caudali rotundata capitis parte postoculari longiore; colore corpore pinnisque flavescente vel griseo-flavescente vel griseo-umbrino; iride flavescente marginem orbitalem versus vulgo annulo rubro; cute os suborbitale inter et supramaxillare profunde fusca; capite, corpore pinnisque omnibus guttulis majoribus et minoribus sat numerosis spatiis intermediis vulgo sat multo minoribus fuscis; pinnis, ventralibus et dorsali spinosa exceptis, marginem liberum versus fuscescentibus; dorsali radiosa superne-, anali radiosa inferne-, caudali postice vulgo flavo sat late marginatis.

B. 7. D. 11/15 vel 11/16 vel 11/17. P. 2/16 vel 2/17. V. 1/5. A. 3/8 vel 3/9. C. 1/15/1 et lat. brev.

Syn. *Serranus corallicola* K. V. H., CV., Poiss. II p. 251.

    Serranus altivelioides Blkr, Verh. Bat. Gen. XXII Perc. p. 38; Günth., Cat. Fish. I p. 127; Kner, Zool. Reis. Novara Fisch. p. 23.

    Epinephelus altivelioides Blkr, Enum. poiss. Amb., Ned. Tijdschr. Dierk. II p. 277; Atl. Ichth. Tab. 308, Perc. tab. 30 fig. 1.

    Krapo-bloso, Mal.

Hab. Java (Batavia); Singapura; Celebes (Macassar); Amboina; in mari.
Longitudo 7 speciminum 192''' ad 435'''.

Rem. Le corallicola est voisin du maculatus. N'en connaissant point le fort jeune âge je ne sais pas si l'espèce actuelle subit des changements par rapport aux couleurs analogues à ceux que présente le maculatus. Tous mes individus ont le corps et les nageoires nettement dessinées de petites taches ou gouttelettes brunes éparses, plus ou moins de la même manière que les plus grands que je possède du maculatus. Cependant les deux espèces sont bien distinctes. Le maculatus a les 3ᵉ, 4ᵉ, 5ᵉ et 6ᵉ épines dorsales relativement beaucoup plus longues, la caudale moins arrondie et les écailles plus nombreuses, les rangées transversales au-dessus de ligne latérale au nombre de 100 à 105, celles au-dessous de cette ligne au nombre de 95 à 100 et les écailles sur une rangée transversale au nombre de 60. Comparant des individus des deux espèces d'une même taille on voit encore que la tête, dans le maculatus, est relativement plus haute et plus obtuse, le préopercule moins arrondi, la mâchoire supérieure plus prolongée en arrière de l'oeil, etc.

Les nombres du corallicola ont été fautivement donnés par Valenciennes comme D. 10/18 A. 3/10. Sur le dessin original de Kuhl et Van Hasselt je les compte distinctement comme D. 11/16 (le dernier double) et A. 3/8 (le dernier double).

L'espèce ne paraît avoir été trouvée jusqu'ici, hors l'Insulinde, que dans la mer de Madras.

Epinephelus bontoides Blkr, Enum. poiss. Amboine, Ned. T. Dierk. II p. 277; Atl. Tab. 287, Perc. tab. 9 fig. 2.

Epineph. corpore oblongo compresso, altitudine $2\frac{4}{5}$- ad 3 et paulo in ejus longitudine absque-, $3\frac{1}{2}$ ad 4 fere in ejus longitudine cum pinna caudali; latitudine corporis 2 fere ad 2 in ejus altitudine; capite $2\frac{3}{4}$ ad 3 in longitudine corporis absque-, $3\frac{2}{3}$ ad $4\frac{2}{5}$ in longitudine corporis cum pinna caudali; altitudine capitis $1\frac{1}{5}$ ad $1\frac{1}{4}$-, latitudine capitis 2 circ. in ejus longitudine; oculis diametro $3\frac{1}{2}$ ad $4\frac{1}{3}$ in longitudine capitis, diametro $\frac{2}{5}$ ad $\frac{3}{5}$ distantibus; linea rostro-frontali rectiuscula; rostro et osse suborbitali squamosis; maxilla superiore sub oculi margine posteriore vel paulo post oculum desinente postice juvenilibus alepidota aetate provectis squamulosa; dentibus caninis utraque maxilla utroque latere 2 vel 1 parvis, intermaxillaribus inframaxillaribus longioribus; praeoperculo rotundato vel obtusangulo margine posteriore denticulis numerosis angularibus ceteris paulo majoribus; suboperculo interoperculoque edentulis; operculo spinis 3 media ceteris conspicue longiore inferiore superiore vulgo breviore; linea laterali mediocriter curvata apice curvaturae anterioris spinae dorsi 6^{ae} vel 7^{ae} opposito; squamis corpore ciliatis, angulum aperturae branchialis superiorem inter et basin pinnae caudalis supra lineam lateralem in series 85 circ. transversas, infra lineam lateralem in series 80 circ. transversas dispositis; squamis 50 circ. in serie transversali basin pinna ventralis inter et pinnam dorsalem-, 10 ad 12 lineam lateralem inter et spinam dorsi 6^{m} vel 7^{m}; squamis regione scapulo-postaxillari squamis mediis lateribus paulo majoribus; cauda parte libera breviore quam postice alta; pinna dorsali spinosa spinis mediocribus, anterioribus 3 ceteris brevioribus, ceteris longitudine subaequalibus $2\frac{1}{3}$ ad 3 fere in altitudine corporis, membrana inter singulas spinas sat profunde incisa non vel vix lobata; dorsali radiosa dorsali spinosa altiore radiis longissimis 1¾ ad 2 fere in altitudine corporis; pectoralibus capitis parte postoculari longioribus; ventralibus acutiuscule vel obtusiuscule rotundatis capitis parte postoculari paulo ad non brevioribus ; anali spina 2ᵃ spina 3ᵃ sat multo ad non longiore oculo minus duplo longiore, parte radiosa dorsali radiosa non humiliore ; caudali rotundata capitis parte postoculari longiore ; colore corpore fuscescente vel violascente–fusco vel fuscescente-umbrino inferne dilutiore, pinnis fuscescente-vel violascente ; iride rubra vel flava ; guttis corpore pinnaque dorsali et interdum etiam pinnis anali et caudali profunde fuscis sparsis sat numerosis spatiis intermediis vulgo sat multo minoribus ; pinnis radiosis, ventralibus exceptis, aurantiaco marginatis.

B. 7. D. 11/17 vel 11/18. P. 2/17. V. 1/5. A. 3/8 vel 3/9. C. 1/15/1 et lat. brev.

Syn. *Serranus bontoides* Blkr, Zesde bijdr. ichth. Amboina, Nat. T. Ned. Ind.
VIII p. 405 ; Günth., Cat. Fish. I p. 149.

Hab. Bali (Boleling); Celebes (Manado, Tombariri) ; Amboina ; Nova-Guinea (Or. septentr.), in mari.

Longitudo 10 speciminum 93‴ ad 231″.

Rem. Le bontoides est encore une espèce à corps et nageoires tachetées de gouttelettes brunes ou noirâtres sur un fond moins foncé, et par cela voisin du maculatus et du corallicola. Elle s'en fait distinguer cependant aisément, puisque les gouttelettes sont relativement plus petites et ne s'étendent point sur les pectorales et les ventrales. Dans quelques individus l'anale et la caudale aussi sont sans taches. L'espèce est bien autrement distincte encore par les épines dorsales, les huit épines postérieures étant de longueur égale ou presqu'égale. Par la forme du corps et de la tête elle ressemble plus au maculatus qu'au corallicola. Possédant du bontoides plusieurs individus du jeune âge, je puis constater que la distribution des couleurs ne s'y distingue nullement de celle dans les adultes. Il mérite d'être noté aussi, qu'ici encore une formule des écailles différente se joint aux autres différences spécifiques, et qu'elle suffirait à elle seule pour distinguer le bontoides tant du maculatus que du corallicola.

Epinephelus stellans Blkr, Enum. poiss. Amboine, Ned. T. Dierk. II p. 277.

Epineph. corpore oblongo compresso, altitudine 3 et paulo in ejus longitudine absque-, 3¼ ad 4 fere in ejus longitudine cum pinna caudali ; latitu-

dine corporis $1\frac{2}{3}$ circ. in ejus altitudine; capite 3 fere ad 3 in longitudine
corporis absque-, $3\frac{1}{2}$ ad $3\frac{2}{3}$ in longitudine corporis cum pinna caudali; altitudine capitis $1\frac{2}{3}$ circ.-, latitudine capitis 2 circ. in ejus longitudine; oculis
diametro $4\frac{1}{5}$ ad $4\frac{1}{2}$ in longitudine capitis, diametro $\frac{3}{5}$ ad $\frac{2}{3}$ distantibus; linea
rostro-frontali convexiuscula; rostro et osse suborbitali squamosis; maxilla
superiore post oculum desinente, postice squamulosa; dentibus caninis utraque maxilla utroque latere antice 2 vel 1 mediocribus, intermaxillaribus
inframaxillaribus longioribus; praeoperculo rotundato margine posteriore denticulis numerosis angularibus ceteris paulo majoribus; suboperculo interoperculoque edentulis vel denticulis aliquot parum conspicuis; operculo spinis 3 media ceteris subaequalibus conspicue longiore; membrana operculari
postice acutangula; linea laterali mediocriter curvata, apice curvaturae anterioris spinae dorsi 6^{ae} vel 7^{ae} opposito; squamis corpore ciliatis, angulum
aperturae branchialis superiorem inter et basin pinnae caudalis supra lineam lateralem in series 105 ad 110 transversas, infra lineam lateralem
in series 95 ad 100 transversas dispositis; squamis 48 ad 50 in serie
transversali basin pinnae ventralis inter et pinnam dorsalem-, 12 vel 13 lineam lateralem inter et spinam dorsi 6^{m} vel 7^{m}; squamis regione scapulo-
postaxillari squamis mediis lateribus vix majoribus; cauda parte libera breviore quam postice alta; pinna dorsali spinosa spinis mediocribus 4^{a}, 5^{a} et 6^{a}
sequentibus vix ad non longioribus $2\frac{1}{5}$ circ. in altitudine corporis, membrana
inter singulas spinas profunde incisa leviter lobata; dorsali radiosa dorsali
spinosa altiore radiis longissimis 2 circ. in altitudine corporis; pinnis, pectoralibus capitis parte postoculari vix vel non longioribus, ventralibus acutiuscule vel obtusiuscule rotundatis capitis parte postoculari paulo brevioribus;
anali spina media spina 3^{a} longiore et fortiore oculo duplo fere longiore,
parte radiosa dorsali radiosa non humiliore; caudali valde convexa vel rotundata capitis parte postoculari paulo longiore; colore corpore aurantiaco; maculis capite, corpore pinnisque fuscis vel umbrino-fuscis vel violascente-fuscis
plerisque hexagonis confertissimis 18 ad 20 circ. in serie longitudinali caput inter
et basin pinnae caudalis; reti intermaculari angulis macularum ubique fere
puncto margaritaceo; dorso insuper maculis latioribus et profundioribus lineae
dorsali contiguis et pinnam dorsalem intrantibus 4 circ. quarum 2 sub dorsali spinosa et totidem sub dorsali radiosa; macula fusca magna dorsum caudae cingente; dorsali spinosa fusco marginata lobulis interspinalibus aurantiacis; iride flavescente vel rubra.

B. 7. D. 11/15 vel 11/16 vel 11/17. P. 2/16. V. 1/5. A. 3/8 vel 3/9. C. 1/15/1 et lat. brev.

Syn. *Serranus stellans* Rich., Ann. Nat. Hist. IX p. 23; Blkr, Act. Soc. Scient. Ind. Neerl. I Beschr. vischs. Amboina, p. 29.

Serranus hexagonatus CV.? Rich., Zool. Voy. Sulph. p. 82 tab. 38 fig. 1; Günth., Cat. Fish. I p. 503.

Hab. Amboina, in mari.

Longitudo 2 speciminum 185''' et 212'''.

Rem. Les caractères les plus essentiels pour bien distinguer l'espèce actuelle de l'Epinephelus merra, dont il est extrêmement voisin tant par le système de coloration que par la physionomie générale, se trouve dans la formule des écailles, le merra ayant les rangées transversales constamment moins nombreuses, savoir 85 à 90 au-dessus et 80 à 85 au-dessous de la ligne latérale. D'autres différences se trouvent; dans le profil, qui, dans le merra est plus pointu; dans la longueur de la tête, qui, dans des individus du merra de la même taille que ceux du stellans, ne mesure que $2\frac{2}{3}$ fois dans la longueur du corps sans la caudale et que $3\frac{1}{4}$ fois dans le corps y compris la caudale, etc. C'est à tort que l'auteur de l'espèce l'a retirée postérieurement en la confondant avec le merra.

La figure publiée par Richardson rend fort bien la physionomie de l'espèce. Les deux individus observés par cet auteur provenaient, l'un de l'île Melvill, l'autre de l'Océan Pacifique austral.

Epiniphelus merra Bl., Ausl. Fisch. VII p. 17 tab. 329; Bl. Schn., Syst. posth. p. 300.

Epineph. corpore oblongo compresso, altitudine 3 fere ad $3\frac{1}{4}$ in ejus longitudine absque-, $3\frac{2}{3}$ ad 4 in ejus longitudine cum pinna caudali; latitudine corporis $1\frac{1}{2}$ ad 2 in ejus altitudine; capite $2\frac{2}{5}$ ad $2\frac{5}{6}$ in longitudine corporis absque-, 3 ad $3\frac{1}{2}$ iu longitudine corporis cum pinna caudali; altitudine capitis $1\frac{1}{3}$ ad $1\frac{1}{2}$-, latitudine capitis 2 fere ad $2\frac{1}{3}$ in ejus longitudine; oculis diametro $3\frac{1}{2}$ ad $4\frac{1}{2}$ in longitudine capitis, diametro $\frac{1}{3}$ ad $\frac{3}{5}$ distantibus; linea rostro-frontali rectiuscula vel convexiuscula; rostro et osse suborbitali squamosis; maxilla superiore sub oculi limbo posteriore vel paulo post oculum desinente, postice alepidota vel squamulosa; dentibus caninis utraque

maxilla utroque latere 2 vel 1 parvis intermaxillaribus inframaxillaribus longioribus; praeoperculo rotundato vel obtusangulo margine posteriore denticulis numerosis angularibus ceteris vulgo paulo majoribus; suboperculo interoperculoque denticulis conspicuis nullis; operculo spinis 3 media ceteris subaequalibus multo longiore; linea laterali mediocriter curvata apice curvaturae anterioris
spinae dorsi 5^{ae} vel 6^{ae} opposito; squamis corpore ciliatis, angulum aperturae
branchialis superiorem inter et basin pinnae caudalis supra lineam lateralem in
series 85 ad 90 transversas, infra lineam lateralem in series 80 ad 85 transversas
dispositis; squamis 45 circ. in serie transversali basin pinnae ventralis inter et
pinnam dorsalem, 11 vel 12 lineam lateralem inter et spinam dorsi 5^m vel
6^m; squamis regione scapulo-postaxillari squamis mediis lateribus vix majoribus; cauda parte libera breviore quam postice alta; pinna dorsali spinosa
spinis mediocribus 4^a et 5^a sequentibus vix vel paulo longioribus 2 ad 2$\frac{1}{3}$ in
altitudine corporis, membrana inter singulas spinas profunde incisa non vel vix
lobata; dorsali radiosa dorsali spinosa altiore radiis longissimis 1$\frac{3}{4}$ ad 2 in
altitudine corporis; pinnis pectoralibus capitis parte postoculari longioribus;
ventralibus obtusiuscule vel acutiuscule rotundatis capitis parte postoculari brevioribus; anali spina 2^a spina 3^a vulgo longiore et fortiore oculo multo ad
duplo fere longiore, parte radiosa dorsali radiosa non humiliore; caudali rotundata vel valde convexa capitis parte postoculari longiore; colore corpore
superne umbrino-fuscescente inferne roseo, pinnis aurantiaco-roseo vel fuscescente-aurantiaco; corpore pinnisque ubique maculis nigricantibus vel fuscis
vel umbrinis vel umbrino-anrantiacis plerisque hexagonis, vel pentagonis et
corpore inferne pinnisque interdum ex parte rotundiusculis, confertissimis,
juvenilibus proportione majoribus parcioribus et minus confertis; maculis lateribus aetate minus provectis praesertim profundioribus fascias 4 vel 5 latas
obliquas antrorsum descendentes similantibus, vel dorso superne in maculas 4
vel 5 magnas rotundas dorsalem intrantibus coalitis, vel mediis lateribus in
vittas aliquot breves longitudinales unitis; maculis corpore pinnisque vulgo
reti margaritaceo unitis; iride flava vel rubra margine pupillari aurea.

B. 7. D. 11/14 vel 11/15 vel 11/16 vel 11/17. P. 2/14 ad 2/16. V. 1/5.
A. 3/8 vel 3/9. C. 1/15/1 et lat. brev.

Syn. *Holocentrus hexagonatus* Bl. Schn., Syst. p. 325.
Holocentrus merra Lac., Poiss. IV p. 342, 384.
Epinephelus japonicus Krusenst., Reis. tab. 64 fig. 2.?
Serranus merra et *faveatus* CV., Poiss. II p. 243, 245.

23

Serranus hexagonatus CV., Poiss. II p. 246, VI p. 388 ; Guérin, Iconogr. Poiss. tab. 4. fig. 1 ; Cant., Cat. Mal. Fish. p. 7 ; Blkr, Spec.
pisc. batav. nov. Nat. T. Ned. Ind. VI p. 191 ; Günth., Cat. Fish. I
p. 141 ; Kner, Zool. Reis. Novar. Fisch. p. 25 ? ; Klunz., Syn. Fisch.
R. M., Verh. z. b. Ges. Wien XX p. 683.

Serranus confertus Benn., in Mem. Lif. Raffl. Coll. Fish. Sumatr. p. 686.

Serranus trimaculatus CV., Poiss. II p. 247 ; Schl., Faun. Japon. Poiss.
p. 8 ; Rich., Ichth. Chin. Jap. Rep. 15ʰ meet. Brit. Assoc. p. 232 ;
Günth., Catal. Fish. I p. 109 ; Kner, Zool. Reis. Novar. Fish. p. 19 ; Playf.
Günth., Fish. Zanzib. p. 10 (nec Blkr, Vierde bijdr. ichth. Japan p. 8 *).

Serranus nigriceps CV., Poiss. VI p. 389 ?

Perca hexagonata J. R. Forst., in Descr. anim. ed. Lichtenst. p. 189.

Epinephelus hexagonatus Blkr, Onzième notic. ichth. Ternate, Ned. T.
Dierk. I p. 232. Atl. Ichth. Tab. 301, Perc. tab. 23 fig. 2.

Krapo-tutol Mal.

Hab. Sumatra (Benculen, Tica, Priamam, Trussan, Ulakan, Padang) ; Batu ;
Nias ; Pinang ; Singapura ; Cocos (Nova-selma) ; Java (Batavia) ; Celebes
(Macassar, Tanawanko, Tombariri ; Sangi ; Timor (Kupang, Atapupu);
Letti ; Flores (Larantuka) ; Ternata ; Obi-major ; Buro (Kajeli) ; Ceram
(Wahai) ; Amboina ; Waigiu ; Archip. Philipp. ; Nova-Guinea (Or. sep-
tentr.), in mari.

Longitudo 94 speciminum 75‴ ad 273‴.

Rem. Cette espéce, fort commune dans l'Inde archipélagique, s'étend à
l'ouest jusqu'aux côtes orientales de l'Afrique et à l'est et au nord jusqu'aux
côtes de Chine, du Japon, l'Archipel des Louisiades et Taïti. Elle est dite
même habiter les mers de l'île de l'Ascension. J'en possède presqu'une cen-
taine d'individus ce qui m'a mis à même de constater que la formule des
écailles est constante et le meilleur caractère pour bien distinguer l'espèce.
Les couleurs et les dimensions des taches, dans mes individus, présentent de
nombreuses variations. Les grandes taches noirâtres du dos ne se voient que

---

* Je rapporte maintenant cette espèce à l'Epinephelus diacanthus (= Serranus diacanthus CV. =
Serranus shihpan, variegatus et nebulosus Rich.). Elle a pour formule des écailles = 110 lin.
lat.; 56 scr. transv.; 12 lin. lat. inter et spin. dors. 5ᵐ.

dans quelques individus et leur nombre varie encore entre une seule et cinq. Il mérite aussi d'être noté, que les taches en général s'effacent plus au moins complétement par l'action combinée et prolongée de la liqueur et de la lumière, mais résistent fort bien la liqueur si la lumière n'y peut pas agir.

Epinephelus Gilberti Blkr.

Epineph. corpore oblongo compresso, altitudine 3 fere ad 3 in ejus longitudine absque-, 3⅔ ad 4 in ejus longitudine cum pinna caudali; latitudine corporis 1⅔ ad 1¾ in ejus altitudine; capite 3 fere ad 3 in longitudine corporis absque-, 3⅔ ad 3¾ in longitudine corporis cum pinna caudali; altitudine capitis 1 et paulo-, latitudine capitis 1⅔ ad 2 in ejus longitudine; oculis diametro 3 ad 4 et paulo in longitudine capitis, diametro ⅓ ad ½ distantibus; linea rostro-frontali convexiuscula; rostro et osse suborbitali squamulosis; maxilla superiore post oculum desinente postice squamulis parcis vel nullis; dentibus caninis utraque maxilla utroque latere antice 2 vel 1 parvis intermaxillaribus inframaxillaribus longioribus; praeoperculo obtusangulo, margine posteriore denticulis numerosis conspicuis angularibus ceteris majoribus; suboperculo interoperculoque denticulis conspicuis nullis; operculo spinis 3 media ceteris subaequalibus multo longiore; linea laterali mediocriter curvata apice curvaturae anterioris spinae dorsi 6ae vel 7ae opposito; squamis corpore ciliatis, angulum aperturae branchialis inter et basin pinnae caudalis supra lineam lateralem in series 90 circ. transversas, infra lineam lateralem in series 85 circ. transversas dispositis; squamis 55 circ. in serie transversali basin pinnae ventralis inter et pinnam dorsalem, 12 circ. lineam lateralem inter et spinam dorsi 6m vel 7m; squamis regione scapulopostaxillari squamis mediis lateribus vix majoribus; cauda parte libera breviore quam postice alta; pinna dorsali spinosa spinis mediocribus, 3a, 4a et 5a ceteris longioribus 2 ad 2⅓ in altitudine corporis, membrana inter singulas spinas sat profunde incisa leviter lobata; dorsali radiosa dorsali spinosa paulo altiore radiis longissimis 1⅔ ad 2 in altitudine corporis; pectoralibus capite absque rostro longioribus; ventralibus acutiuscule vel obtusiuscule rotundatis capitis parte postoculari non longioribus; anali spina 2a spina 3a paulo ad non-, oculo minus duplo longiore, parte radiosa dorsali radiosa non humiliore; caudali rotundata capitis parte postoculari longiore; colore corpore pinnisque griseo-rufescente vel rufescente-aurantiaco vel aurantiaco; iride flaves-

23*

cente vel aurantiaca; maculis capite, dorso, lateribus pinnisque sat magnis rufis vel fuscis numerosis inaequalibus, capite corporeque superne subcontiguis, dorso plerisque hexagonis, 10 ad 15 in linea laterali, lateribus inferne pinnisque plurimis rotundis spatiis intermediis sat multo majoribus; pectoralibus interdum maculis nullis et basi vulgo fasciis 2 transversis fuscis vel rufis.
B. 7. D. 11/17 vel 11/18. P. 2/15 vel 2/16. V. 1/5. A. 3/8 vel 3/9 vel 3/10. C. 1/15/1 et lat. brev.

Syn. *Percis pinnis quatuor* etc· Klein, Miss. Pisc. V p. 43 tab. 8 fig. 3.
Perca tauvina Forsk., Descr. Anim. p. 39, n°. 38 ?
Holocentrus tauvinus Bl. Schn., Syst. p. 321; Lac., Poiss. IV p. 338 ?
Serranus Gilberti Rich., Contrib. ichth. Austral., Ann. Nat. Hist. 1842 IX p. 19; Rep. ichth. China in Rep. 15ʰ meet. Brit. Assoc. p. 230; Günth., Cat. Fish. I p. 148.
Serranus megachir Rich., Rep. ichth. China l. c. p. 230.
Serranus Reevesii Rich., Rep. ichth. China l. c. p. 232 ?
Serranus pardalis Blkr, Verh. Bat. Gen. XXII Bijdr. Percoïd. p. 37.
Epinephelus pardalis Blkr, Onzièm. notic. ichth. Ternate, Ned. T. Dierk. I p. 232.
Serranus tauvina Klunz., Syn. Fisch. R. M., Verh. z. b. Ges. Wien XX p. 683 ?
Krapo-matjan Mal.

Hab. Sumatra (Benculen, Cauer, Padang, Ulakan, Priaman); Nias; Singapura; Bangka (Muntok); Biliton; Duizend-ins.; Java (Batavia, Bantam); Celebes (Macassar, Bulucomba, Badjoa, Manado); Sumbawa (Bima); Flores (Larantuka); Timor (Kupang); Buro (Kajeli); Ceram (Wahai); Amboina; Banda (Neira); Waigiu; in mari.
Longitudo 9 speciminum 111‴ ad 345‴.

Rem. L'Epinephelus Gilberti, voisin du merra et d'autres espèces à corps couvert de taches brunes, se fait aisément distinguer par le profil obtus et convexe du museau, par les épines dorsales dont les 3ᵉ, 4ᵉ et 5ᵉ sont plus longues que les suivantes, par les pectorales relativement longues et même par les taches du corps et des nageoires, qui bien qu'ordinairement hexagones et séparées seulement par des lignes ou par le réseau de la couleur du fond, tout comme dans le merra et le stellans, sont cependant beaucoup plus grandes et beaucoup moins nombreuses. La formule de ses écailles approche le plus de celle du merra, mais dans celui-ci le profil est plus pointu, les neuf épines dorsales postérieures sont d'égale longueur, les pectorales plus courtes, etc.

C'est à tort qu'autrefois j'ai cru l'espèce inédite. Richardson l'avait déjà fait connaître des côtes de la Nouvelle Hollande septentrionale et de Chine, et je crois aussi la reconnaître dans la figure citée de Klein. Elle habite aussi la côte orientale de la Nouvelle Hollande près de Port Jackson.

Epinephelus fuscoguttatus Blkr, Atl. Ichth. Tab. 307, Perc. tab. 29 fig. 3.

Epineph. corpore oblongo compresso, altitudine $2\frac{1}{2}$ ad 3 et paulo in ejus longitudine absque-, $3\frac{1}{5}$ ad $3\frac{4}{5}$ in ejus longitudine cum pinna caudali; latitudine corporis $1\frac{1}{2}$ ad 2 et paulo in ejus altitudine; capite $2\frac{2}{5}$ ad $2\frac{3}{4}$ in longitudine corporis absque-, 3 ad $3\frac{1}{3}$ in longitudine corporis cum pinna caudali; altitudine capitis $1\frac{1}{5}$ ad $1\frac{1}{3}$-, latitudine capitis $1\frac{1}{2}$ ad $2\frac{1}{3}$ in ejus longitudine; oculis diametro 4 et paulo ad $6\frac{1}{3}$ in longitudine capitis, diametro $\frac{1}{2}$ ad 1 distantibus; linea rostro-frontali ante oculos concaviuscula; rostro et osse suborbitali squamosis; maxilla superiore sat longe post oculum desinente postice squamulosa; dentibus caninis utraque maxilla utroque latere 2 vel 1 parvis intermaxillaribus inframaxillaribus conspicue longioribus; praeoperculo rotundato vel obtusangulo margine posteriore denticulis parvis numerosis angularibus ceteris vulgo majoribus; suboperculo interoperculoque dentibus conspicuis nullis; operculo spinis 2 vel 3, spinis superioribus subaequalibus, spina inferiore rudimentaria interdum inconspicua; linea laterali mediocriter curvata, apice curvaturae anterioris spinae dorsi 5ae vel 6ae opposito; squamis corpore juvenilibus leviter ciliatis aetate provectis adultisque non ciliatis, angulum aperturae branchialis superiorem inter et basin pinnae caudalis supra lineam lateralem in series 105 circ. transversas, infra lineam lateralem in series 95 circ. transversas dispositis; squamis 65 circ. in serie transversali basin pinnae ventralis inter et pinnam dorsalem, 16 ad 18 lineam lateralem inter et spinam dorsi 5m vel 6m; squamis regione scapulo-postaxillari squamis mediis lateribus non majoribus; cauda parte libera breviore quam postice alta; pinna dorsali spinosa spinis validis, 3a, 4a et 5a ceteris longioribus $2\frac{1}{2}$ ad 3 in altitudine corporis, membrana inter singulas spinas profunde incisa non vel vix lobata; dorsali radiosa dorsali spinosa altiore radiis longissimis 2 fere ad 2 et paulo in altitudine corporis; pinnis pectoralibus capitis parte postoculari paulo longioribus ad paulo brevioribus; ventralibus obtusiuscule vel acutiuscule rotundatis capitis parte postoculari vix ad sat multo brevioribus; anali spinis 2ª et 3ª aequalibus vel 3ª 2ª paulo longiore oculo minus duplo longiore, parte radiosa dorsali radiosa non humiliore; caudali rotundata capitis parte postoculari non ad non multo breviore; colore corpore pinnisque fuscescente-umbrino vel viridescente-umbrino vel umbrino-aurantiaco; iride flavescente margine orbitali frequenter fuscescente; capite corporeque plagis sat magnis irregularibus profunde fuscis spatiis intermediis ex parte minoribus, plagis lineam dorsalem versus vulgo 4 pinnam intrantibus; capite, corpore pinnisque insuper guttulis numerosis fuscis et nigricantibus squamis multo majoribus, confertis, spatiis intermediis non multo majoribus ad minoribus; guttulis plagis fuscis plagis ipsis multo profundioribus; plaga profunde fusca dorsum caudae cingente.

B. 7. D. 11/14 vel 11/15. P. 2/17. V. 1/5. A. 3/8 vel 3/9. C. 1/15/1 et lat. brev.

Syn. *Perca summana* var. *fusco guttata* Forsk., Decr. animal. p. 42, n°. 42ᵇ;
    L. Gm., Syst. Nat. ed. 13ª p. 1517.

    Serranus fuscoguttatus Rüpp., Atl. Reis. N. Afr. Fisch. p. 108 tab. 27 fig. 2; Günth., Catal. Fish. I p. 127; Playf. Günth., Fish. Zanzibar p. 5; Klunz., Syn. Fisch. R. M., Verh. z. b. Ges. Wien XX p. 684.

    Serranus horridus (K. V. H.) CV., Poiss. II p. 239; Blkr, Verh. Bat. Gen. XXII Perc. p. 36 (nec Cant.).

    Serranus geographicus K. V. H., CV., Poiss. II p. 240; Günth., Cat. Fish. I p. 150??

    Serranus dispar Playf. Günth., Fish. Zanzib. p. 6 tab. 1 fig. 2, 3?

    Epinephelus horridus Blkr, Onz. notic. ichth. Ternate, Ned. T. Dierk. I p. 231; Atl. Ichth. Tab. 307, Perc. tab. 29 fig. 3.

    Krapo-matjan, Krapo-bebeh, Kakap-bebeh Mal.

Hab. Singapura; Java (Batavia); Bawean; Timor (Atapupu); Ternata; Waigiu; in mari.

Longitudo 7 speciminum 105‴ ad 670‴.

Rem. Le Serranus fuscoguttatus Rüpp. me paraît maintenant n'être pas distinct du Serranus horridus K. V. H. La figure publiée par M. Rüppell du fuscoguttatus montre les épines dorsales postérieures plus longues que les épines médianes et il y est dessiné une forte canine au milieu de la longueur de la mâchoire inférieure, inexactitudes qu'autrefois je ne reconnus point comme telles. — Depuis l'espèce a été trouvée aussi, hors la Mer rouge, sur les côtes de Zanzibar, de Mossambique, des îles Andaman et dans les mers de la côte nord-est et est de la Nouvelle Hollande. Les figures du Serranus dispar, publiées dans les Fishes of Zanzibar, me semblent ne représenter que deux variétés ou variations du fuscoguttatus.

Les écailles, dans cette espèce, ne sont ciliées que dans les jeunes. Les individus de plus de 200''' de long ont toutes les écailles à bord libre lisse. Les écailles sont du reste fortement squammuleuses, mais les squamules sur la base des écailles sont fort communes dans ce genre, et puisqu'elles ne se développent ordinairement que pendant ou après l'adolescence et souvent aussi en différents degrés dans les individu de même taille, on n'y trouve point de caractères spécifiques sur lesquels on pourrait se fier.

Le Serranus geographicus K. V. H., CV. doit être voisin de l'espèce actuelle s'il n'y appartient pas. Ne l'ayant pas retrouvé je transcris ici la description de Valenciennes.

« Corps brun; marbré de grandes taches brunes plus foncées. La partie épineuse de la dorsale offre une grande tache triangulaire à la base de chaque rayon. La membrane est aussi bordée de brun. Le fond de la nageoire est jaune olivâtre; la partie molle est un peu plus orangée; elle a deux bandes brunes, longitudinales, à la base, et le haut tacheté de gros points bruns. L'anale est orangée, irrégulièrement rayée de brun. La pectorale et la caudale sont rayées de brun à leur base et tachetées sur l'autre moitié; les ventrales sont olives, tachetées de brun. Il a le profil moins élevé; les dentelures du préopercule plus fortes, et les épines plus faibles que le horridus. D. 11/17. A. 3/10. Longueur dix-neuf à vingt pouces. »

Epinephelus microdon Blkr, Atl. Ichth. Tab. 281, Perc. tab. 3 fig. 3.

Epineph. corpore oblongo compresso, altitudine 3 circ. in ejus longitudine absque-, 3½ ad 3¾ in ejus longitudine cum pinna caudali; latitudine corporis 1½ circ. in ejus altitudine; capite 3 fere in longitudine corporis absque-, 3¼ circ. in longitudine corporis cum pinna caudali; altitudine capitis 1¼ circ., latitudine capitis 1⅔ circ. in ejus longitudine; oculis diametro 5¼ circ. in longitudine capitis, diametro 1 fere distantibus; linea rostro-frontali convexiuscula; rostro et osse suborbitali squamosis; maxilla superiore post oculum desinente, postice squamulosa; dentibus caninis nullis vel intermaxillaribus

tantum rudimentariis; praeoperculo obtusangulo, margine posteriore denticulis
numerosis conspicuis angularibus aliquot ceteris majoribus; suboperculo edentulo;
interoperculo denticulato ; operculo spinis 3 media ceteris parum conspicuis multo
longiore; linea laterali valde curvata apice curvaturae anterioris spinae dorsi 6ᵃᵉ
circ. opposito; squamis corpore ciliatis, angulum aperturae branchialis superiorem
inter et basin pinnae caudalis supra lineam lateralem in series 100 circ. transversas, infra lineam lateralem in series 90 ad 95 transversas dispositis; squamis
60 circ. in serie transversali basin pinnae ventralis inter et pinnam dorsalem-,
15 circ. lineam lateralem inter et spinam dorsi 6ᵐ; squamis regione scapulo-
postaxillari squamis mediis lateribus paulo majoribus; cauda parte libera breviore quam postice alta; pinna dorsali spinosa spinis validis 4ᵃ ceteris longiore 2¼ circ. in altitudine corporis, membrana inter singulas spinas profunde
incisa non lobata; dorsali radiosa dorsali spinosa paulo altiore radiis longissimis 2 et paulo in altitudine corporis; pectoralibus capitis parte postoculari
vix brevioribus ; ventralibus acute rotundatis capitis parte postoculari sat multo
brevioribus; anali spina 3ᵃ spinis ceteris longiore oculo non multo longiore,
parte radiosa dorsali radiosa non humiliore; caudali convexa leviter rotundata
capitis parte postoculari non vel vix longiore; colore corpore superne pinnisque
ex roseo violascente vel viridi, corpore inferne dilutiore ; iride flavescente; cute
os suborbitale inter et os maxillare fusca; dorso lateribusque nebulis magnis
diffusis irregularibus dilute violaceis; capite, corpore pinnisque omnibus ubique guttulis vel punctis spatiis intermediis non vel vix minoribus sed squamis corpore minoribus numerosissimis confertis fuscescente-aurantiacis pinnis
marginem liberum versus ex parte nigricante-fuscis.

B. 7. D. 11/14 vel 11/15. P. 2/15. V. 1/5. A. 3/8 vel 3/9. C. 1/15/1 et lat. brev.
Syn. *Serranus microdon* Blkr, Versl. vischs. Malang, Nat. T. Ned. Ind. XI p. 86.

    Krapo Mal.

Hab Java (Batavia), in mari.
Longitudo speciminis unici 510'''.

Rem. Cette espèce est voisine de l'Epinephelus areolatus (Perca areo-
lata Forsk.) de la Mer rouge et du Japon, mais l'areolatus a la caudale tronquée ou echancrée et à angles pointus et quelques rayons de plus
à la dorsale (11/18). A en juger d'après la figure: planche 20 du
grand ouvrage sur l'Egypte (Perca tauvina Geoffr.), le corps y est aussi plus

élancé et la partie libre de la queue beaucoup plus longue que haute (au milieu). Les écailles aussi paraissent y être moins nombreuses.

L'individu décrit ci-dessus est le seul que j'ai vu du microdon. Cet individu ayant une longueur de plus d'un demi mètre, on pourrait supposer que l'absence de canines fut à attribuer à l'âge avancé. Je n'y vois cependant aucune alvéole vide qui pourrait correspondre à des canines. Toutes les dents s'y trouvent encore en place. Quelques unes des dents intermaxillaires antérieures de la rangée externe, bien que n'ayant point l'aspect canine ou caninoïde, sont cependant visiblement plus fortes que les suivantes.

Epinephelus polyphekadion Blkr, Atl. Ichth. Tab. 287, Perc. tab. 9 fig. 3.

Epineph. corpore oblongo compresso, altitudine 3 circ. in ejus longitudine absque-, $3\frac{3}{5}$ ad $3\frac{2}{3}$ in ejus longitudine cum pinna caudali; latitudine corporis $1\frac{2}{3}$ circ. in ejus altitudine; capite $2\frac{3}{5}$ circ. in longitudine corporis absque-, $3\frac{1}{6}$ ad $3\frac{1}{4}$ in longitudine corporis cum pinna caudali; altitudine capitis $1\frac{2}{5}$ ad $1\frac{1}{2}$-, latitudine capitis $1\frac{2}{3}$ circ. in ejus longitudine; oculis diametro $5\frac{1}{2}$ circ. in longitudine capitis, diametro 1 fere distantibus; linea rostro-frontali convexiuscula; rostro et osse suborbitali squamosis; maxilla superiore post oculum desinente postice squamulosa; dentibus caninis utraque maxilla utroque latere antice 2 vel 1 parvis vel rudimentariis; praeoperculo rotundato vel obtusangulo, margine posteriore denticulis numerosissimis, angularibus aliquot ceteris majoribus interdum spinaeformibus; suboperculo interoperculoque denticulis conspicuis nullis; operculo spinis 3 media ceteris subaequalibus conspicue longiore; linea laterali mediocriter curvata apice curvaturae anterioris spinae dorsi 6^{ae} circ. opposito; squamis corpore ciliatis angulum aperturae branchialis superiorem inter et basin pinnae caudalis supra lineam lateralem in series 95 circ. transversas, infra lineam lateralem in series 90 circ. transversas dispositis; squamis 65 circ. in serie transversali basin pinnae ventralis inter et pinnam dorsalem-, 14 ad 16 lineam lateralem inter et spinam dorsi 6^{m}; squamis regione scapulo-postaxillari squamis mediis lateribus non conspicue majoribus; cauda parte libera breviore quam postice alta; pinna dorsali spinosa spinis validis, 4^{a}, 5^{a} et 6^{a} ceteris longioribus $2\frac{1}{2}$ circ. in altitudine corporis, membrana inter singulas spinas mediocriter incisa non lobata; dorsali radiosa dorsali spinosa paulo altiore radiis longissimis $2\frac{1}{4}$ ad $2\frac{1}{3}$ in altitudine corporis; pinnis pectoralibus

capitis parte postoculari vix vel non longioribus; ventralibus acutiuscule rotundatis capitis parte postoculari sat multo brevioribus; anali spina 3ª spina 2ª
paulo vel non longiore oculo minus duplo longiore, parte radiosa dorsali radiosa non humiliore; caudali rotundata capitis parte postoculari vix ad non
breviore; colore corpore superne viridi vel griseo-roseo, inferne margaritaceo-
roseo; iride roseo-flavescente margine pupillari aurea; corpore superne fuscescente diffuse nebulato; guttulis sparsis numerosis spatiis intermediis multo
minoribus capite superne, dorso lateribusque profunde fuscis et aurantiacis-,
capite, trunco inferne pinnisque omnibus fuscis tantum; pinnis viridi-aurantia-
cis vel roseo-aurantiacis, marginem liberum versus plus minusve fuscescentibus.
B. 7. D. 11/15 vel 11/16. P. 2/15. V. 1/5. A. 3/8 vel 3/9. C. 1/15/1 et lat. brev.
Syn. *Serranus polyphekadion* Blkr, Verh. Bat. Gen. XXII Perc. p. 39; Spec.
    javan. nov. Nat. T. Ned. Ind. VII p. 417; Günth., Catal. Fish. I p. 128.
    Krapo-bebeh Mal.
Hab. Java (Batavia), in mari.
Longitudo 2 speciminum 400‴ et 420‴.

Rem. Cette espèce est extrêmement voisine de l'Epinephelus fuscoguttatus,
dont elle se distingue par les gouttelettes mixtes brunes et oranges nettement
dessinées et beaucoup plus petites que les interstices, et puis aussi par
le profil qui est plus convexe, par les canines qui sont plus petites, par la
membrane entre les épines dorsales qui est moins échancrée, par quelques rangées transversales d'écailles de moins au-dessus et au-dessous de la ligne latérale, et surtout par la nature des écailles, dont le bord libre est cilié nonobstant que mes individus soient d'un âge fort avancé. Dans le fuscoguttatus les écailles sont déjà lisses, comme je l'ai déjà dit, dans les individus
d'environ 200‴ de long.

Epinephelus awoara Blkr.

Descriptio Kneriana sequens.

»Unterkiefer stark vortretend, Vordeekel hinten fein bezahnt, vor seinem
Winkel sanft eingebuchtet und dieser mit 4- 5 grösseren Zähnen besetzt, der
dritte bis rechste Dorsalstachel die längsten, der zweite nicht viel niederer.
Die Kopflänge ist 3½ mal in der totalen enthalten und übertrifft die grösste

Körperhöhe nur wenig. Auge $\frac{1}{5}$ der Kopflänge. Von den drei Deckeldornen tritt nur der mittlere deutlich vor. Die Hundszähne sind mässig, die Zahnbinden beider Kiefer weder breit noch dicht und die Zähne des Zwischenkiefers auch in der hinteren Reihe nur von mittlerer Länge. Der zweite und dritte Analstachel sind gleich lang und werden so wie die Dorsalstacheln von den folgenden Gliederstrahle an Höhe übertroffen. Brust- und Bauchflossen stehen gleich weit vom Anus entfernt. Caudale wenig abgerundet. Kopf und Vorderrumpt grössentheils doppelt beschuppt, die grösseren Schuppen deutlich ctenoid, der Oberkiefer am Winkel fein beschuppt. Färbung im Ganzen wie bei Serranus awoara F. Jap. tab. 3 fig. 4 aber die als gelb angegebenen Flecken am Rumpfe olivenbraun. D. 11/16. A. 3/8. App. pylor. 24 (25)."
Syn. *Serranus awoara* Schl., Faun. Jap. Poiss. p. 9 tab. 3 fig. 2; Richards,
    Rep. ichth. China in Rep. 15ᵇ meet. Brit. Assoc. p. 231; Günth.,
    Cat. Fish. I p. 150; Kner, Zool. Reis. Novara Fisch. p. 26.
Hab. Singapura (Kner).
Longitudo speciminis descripti 10" (Kner).

Rem. Ne possédant pas cette espèce je suis borné à en copièr la description de M. Kner, que je préfère aux autres citées, puisqu'elle a été prise sur un individu indo-archipélagique. Ni M. Schlegel, ni MM. Günther et Kner donnent la formule des écailles. A en juger d'après la figure publiée par M. Schlegel la formule des rangées transversales serait environ = $\frac{100}{96}$, mais l'écaillure y est manifestement rendue peu exacte puisqu'on n'y voit point d'écailles du tout sur la dorsale et sur l'anale. L'espèce me parait voisine du microdon et du polyphekadion.

Epinephelus Goldmani Blkr, Deux. not. ichth. Obi, Ned. T. Dierk.
    II p. 241; Atl. Ichth. Tab. 289, Perc. tab. 2 fig. 1.

Epineph. corpore oblongo compresso, altitudine $3\frac{2}{3}$ circ. in ejus longitudine absque-, 4 circ. in ejus longitudine cum pinna caudali; latitudine corporis $1\frac{3}{4}$ circ. in ejus altitudine; capite $2\frac{1}{2}$ circ. in longitudine corporis absque-, 3 circiter in longitudine corporis cum pinna caudali; altitudine capitis $1\frac{2}{3}$ circ.-, latitudine capitis 2 et paulo in ejus longitudine; oculis diametro $4\frac{2}{5}$ circ. in longitudine capitis, diametro $\frac{1}{2}$ circ. distantibus; linea rostro-frontali convexiuscula; rostro et osse suborbitali squamosis; maxilla superiore sat longe

24*

post oculum desinente, postice squamulosa; dentibus caninis utraque maxilla utroque latere antice 2 vel 1 parvis, intermaxillaribus inframaxillaribus paulo longioribus; praeoperculo obtusangulo, margine posteriore denticulis numerosis angularibus ceteris majoribus; suboperculo interoperculoque denticulis conspicuis nullis; operculo spinis 3, media ceteris longiore inferiore superiore breviore; linea laterali mediocriter curvata, apice curvaturae anterioris spinae dorsi 6ᵃᵉ opposito; squamis corpore ciliatis basi non squamatis, angulum aperturae branchialis superiorem inter et basin pinnae caudalis supra lineam lateralem in series 90 ad 95 transversas, infra lineam lateralem in series 85 circ. transversas dispositis; squamis 55 circ. in serie transversali basin pinnae ventralis inter et pinnam dorsalem-, 12 ad 14 lineam lateralem inter et spinam dorsi 6ᵐ; squamis regione scapulo-postaxillari squamis mediis lateribus vix majoribus; cauda parte libera breviore quam postice alta; pinna dorsali spinosa spinis mediocribus, 5ᵃ, 4ᵃ et 5ᵃ sequentibus paulo longioribus 2 et paulo in altitudine corporis, membrana inter singulas spinas sat profunde incisa non lobata; dorsali radiosa dorsali spinosa altiore radiis longissimis 1¾ circ. in altitudine corporis; pectoralibus capitis parte postoculari longioribus; ventralibus obtusiuscule rotundatis capitis parte postoculari brevioribus; anali spina 2ᵃ spina 3ᵃ longiore et fortiore oculo sat multo longiore, parte radiosa dorsali radiosa non humiliore; caudali rotundata capitis parte postoculari paulo breviore; colore corpore superne roseo–viridi, inferne roseo-margaritaceo; pinnis roseo-aurantiacis; iride flava inferne rubra; capite et dorso plagis nebulaeformibus irregularibus fuscis; macula magna fusca dorsum caudae cingente et usque ad lineam lateralem descendente; capite corporeque insuper ut et pinnis guttulis fuscescentibus et fuscescente-aurantiacis numerosis confertis spatiis intermediis non vel vix majoribus; pinnis, pectoralibus exceptis, margine libero late fuscescentibus.

B. 7. D. 11/14 vel 11/15. P. 2/14. V. 1/5. A. 3/8 vel 3/9. C. 1/15/1 et lat. brev.

Syn *Serranus Goldmani* Blkr, Bijdr. ichth. Groot-Obi, Nat. T. Ned. Ind. IX
        p. 435; Günth., Cat. Fish. I p. 126.

Hab. Obi-major, in mari.

Longitudo speciminis unici 176‴.

Rem. Cette espèce est voisine, surtout par le système de coloration, de l'Epinephelus fuscoguttatus, mais elle en est essentiellement distincte par la formule différente des écailles, le fuscoguttatus ayant 10 à 15 rangées transversales de plus au-dessus et 10 rangées de plus au-dessous de la ligne latérale, tandis qu'aussi les écailles sur une rangée transversale et celles entre la ligne latérale et la dorsale y sont plus nombreuses. Je compte, en outre, dans le Goldmani, 3 rayons de moins à la pectorale.

Epinephelus polypodophilus Blkr, Enum. poiss. Amboine, Ned. T. Dierk. II p. 277; Atl. Ichth. Tab. 283 Perc. Tab. 5 Fig. 1.

Epineph. corpore oblongo compresso, altitudine 3 ad $3\frac{3}{4}$ in ejus longitudine absque-, 4 ad $4\frac{1}{2}$ in ejus longitudine cum pinna caudali; latitudine corporis $1\frac{1}{4}$ ad 2 in ejus altitudine; capite $2\frac{2}{3}$ ad 3 in longitudine corporis absque-, $3\frac{1}{3}$ ad $3\frac{2}{3}$ in longitudine corporis cum pinna caudali; altitudine capitis $1\frac{1}{4}$ ad $1\frac{1}{2}$ latitudine capitis $1\frac{5}{6}$ ad 2 et paulo in ejus longitudine; oculis diametro $3\frac{2}{3}$ ad 6 in longitudine capitis, diametro $\frac{1}{2}$ fere ad plus quam 1 distantibus; linea rostro-frontali rectiuscula vel convexiuscula; rostro et osse suborbitali squamosis; maxilla superiore sub oculi margine posteriore ad sat longe post oculum desinente postice juvenilibus alepidota aetate provectioribus squamulosa; dentibus caninis utraque maxilla utroque latere antice 2 vel 1 parvis, intermaxillaribus inframaxillaribus non vel vix longioribus; praeoperculo obtusangulo margine posteriore denticulis numerosis conspicuis angularibus aliquot ceteris majoribus aetate provectis interdum spinaeformibus; suboperculo interoperculoque denticulis conspicuis nullis; operculo spinis 3, spina media ceteris conspicue longiore inferiore superiore breviore; linea laterali mediocriter vel parum curvata apice curvaturae anterioris spinae dorsi 5ae vel 6ae opposito; squamis corpore ciliatis, angulum aperturae branchialis superiorem inter et basin pinnae caudalis supra lineam lateralem in series 110 circ. transversas, infra lineam lateralem in series 95 ad 105 transversas dispositis; squamis 60 ad 65 in serie transversali basin pinnae ventralis inter et pinnam dorsalem, 13 ad 15 lineam lateralem inter et spinam dorsi 5m vel 6m; squamis regione scapulo-postaxillari squamis mediis lateribus non vel vix majoribus; cauda parte libera vix breviore quam postice alta; pinna dorsali spinosa spinis mediocribus, anterioribus 2 ceteris brevioribus, sequentibus longitudine aequalibus 2 et paulo ad $2\frac{1}{2}$ in altitudine corporis, membrana inter singulas spinas profunde incisa non lobata; dorsali radiosa dorsali spinosa paulo altiore, radiis longissimis 2 ad $2\frac{1}{4}$ in altitudine corporis; pinnis pectoralibus capitis parte postoculari longioribus; ventralibus obtusiuscule vel acutiuscule rotundatis capitis parte postoculari non ad sat multo brevioribus; anali spinis 2ᵉ et 3ᵃ longitudine subaequalibus oculo minus duplo longioribus, parte radiosa dorsali radiosa non humiliore; caudali rotundata capitis parte postoculari non ad sat multo longiore; colore corpore fuscescente-umbrino vel viridescente-umbrino, pinnis fuscescente-aurantiaco vel aurantiaco; iride flavescente vel rubra margine pupillari aurea; corpore junioribus vulgo fasciis 6 latis transversis obliquis fuscis spatiis intermediis multo latioribus; corpore pinnisque juvenilibus et aetate provectis guttis nigricantibus et flavis vel albidis sparsis numerosis spatiis intermediis paulo ad multo minoribus; guttis aetate provectis vulgo crebrioribus et minoribus.

B. 7. D. 11/15 vel 11/16. vel 11/17. P. 2/16 vel 2/17. V. 1/5. A. 3/8 vel 3/9. C. 1/15/1 et lat. brev.

Syn. *Holocentrus salmoides* Lac., Poiss. IV p. 346 tab. 34 fig. 3??
    Holocentrus malabaricus Bl.Schn., Syst. posth. p. 319 tab. 63??
    Serranus salmoides CV., Poiss. II p. 256??
    Serranus salmonoïdes Günth., Cat. Fish. I p. 128; an et synon.??
    Serranus polypodophilus Blkr, Verh. Bat. Gen. XXII Perc. p. 37.
    Krapo–tutol Mal.

Hab. Java (Batavia); Singapura; Bangka (Marawang); Celebes (Macassar); Amboina; in mari.

Longitudo 9 speciminum 125‴ ad 535‴.

Rem. Le Holocentre salmoïde de Lacepède et le Holocentrus malabaricus de Schneider pourraient bien ne pas être spécifiquement distincts de l'espèce actuelle, mais ni les figures ni les descriptions permettent de les y rapporter. La figure du Holocentrus montre des bandelettes brunes longitudinales sur la dorsale et transversales sur la caudale, et deux traits blanchâtres descendant de l'oeil vers l'interopercule et le sousopercule. La description du salmonoides de M. Günther va assez bien à mes individus. J'ai conservé le nom qu'en 1848 déjà j'ai proposé pour l'espèce actuelle, laissant à décider à des recherches ultérieures si elle soit identique avec une des espèces nommées.

A l'état frais le polypodophilus est fort reconnaissable, parmi les espèces insulindiennes, par les ocelles épars en partie bruns ou noirâtres et en partie nacrés, qui se dessinent nettement tant sur le corps que sur les nageoires. Cette maculature est moins sujette à être effacée par l'action de l'alcool que celle de tant d'autres espèces et elle se voit encore fort bien sur ceux de mes individus qui ont été conservés pendant plus de vingt ani dans la liqueur. Elle ne subit pas non plus de grands changements par l'âge des individus. Seulement les ocelles sont généralement plus nombreux dans les specimens d'un âge fort avancé et les ocelles bruns ou noirs surtout y sont aussi relativement plus petits. Les larges bandes transversales brunes ne se voient que sur des individus moins âgés. Ce sont bien des véritables bandes, descendant un peu obliquement en avant jusqu'au profil ventral, mais outre la bande postoculaire je n'en compte que cinq, dont la première descend des épines dorsales antérieures jusque sur la membrane operculaire. Je note encore que la tête est relativement moins haute dans les adultes que dans les jeunes et les adolescents en sorte que sa hauteur mesure jusqu'a une fois et demi dans sa longueur. M. Günther rapporte aussi à son Serranus salmonoïdes le Serranus luti Lefebvr. du Voyage en Abyssinie Zool. p. 230 Poiss. tab. 5 fig. 2. N'ayant pas à ma disposition cet ouvrage je ne puis pas avoir une opinion sur cette espèce. Si les rapprochements de M. Günther venaient d'être prouvés justes le polypodophilus, qui serait alors définitivement l'Epinephelus salmonoïdes, habiterait aussi la Mer rouge et les côtes de l'Isle de France et de l'Hindoustan.

Epinephelus sexfasciatus Blkr, Atl. Ichth. Tab. 281, Perc. tab. 5 fig. 2.

Epineph. corpore oblongo compresso, altitudine 3 ad 3 et paulo in ejus longitudine absque-, $3\frac{3}{4}$ ad 4 fere in ejus longitudine cum pinna caudali; latitudine corporis $1\frac{3}{4}$ ad 2 fere in ejus altitudine; capite $2\frac{4}{5}$ ad 3 in longitudine corporis absque-, $3\frac{1}{2}$ ad $3\frac{2}{3}$ in longitudine corporis cum pinna caudali; altitudine capitis $1\frac{1}{2}$ ad $1\frac{4}{5}$-, latitudine capitis 2 fere ad 2 in ejus longitudine; oculis diametro 4 ad $4\frac{1}{3}$ in longitudine capitis, diametro $\frac{1}{2}$ ad $\frac{2}{3}$ distantibus; linea rostro-frontali convexa; rostro et osse suborbitali squamosis; maxilla superiore post oculum desinente, alepidota; dentibus caninis utraque maxilla utroque latere antice 2 vel 1 parvis intermaxillaribus inframaxillaribus longioribus; praeoperculo subrectangulo, margine posteriore denticulis numerosis conspicuis, angulo spinis 2 ad 4 sat magnis divergentibus; suboperculo interoperculoque dentibus conspicuis nullis; operculo spinis 3, superiore ceteris multo longiore; linea laterali mediocriter curvata apice curvaturae anterioris spinae dorsi 6^{ae} vel 7^{ae} opposito; squamis corpore ciliatis, angulum aperturae branchialis

superiorem inter et basin pinnae caudalis supra lineam lateralem in series
85 ad 95 transversas, infra lineam lateralem in series 80 ad 85 transversas
dispositis; squamis 50 ad 55 in serie transversali basin pinnae ventralis inter
et dorsalem-, 12 vel 13 lineam lateralem inter et spinam dorsi 6^m vel 7^m ;
squamis regione scapulo-postaxillari squamis mediis lateribus non conspicue
majoribus; cauda parte libera breviore quam postice alta ; pinna dorsali spinosa spinis mediocribus, 4^a, 5^a et 6^a vel 3^a, 4^a et 5^a ceteris longioribus 2
et paulo ad 2$\frac{1}{4}$ in altitudine corporis, membrana inter singulas spinas profunde incisa lobata; dorsali radiosa dorsali spinosa paulo altiore, radiis longissimis 2 fere ed 2 in altitudine, corporis ; pectoralibus capitis parte postoculari longioribus; ventralibus acutiuscule vel obtusiuscule rotundatis capitis
parte postoculari non ad paulo brevioribus; anali spina 2^a spina 3^a vulgo paulo
longiore oculo multo minus duplo longiore, parte radiosa dorsali radiosa non
humiliore; caudali rotundata capitis parte postoculari longiore ; colore corpore
rufescente vel umbrino-viridi; iride flava vel aurea-rubra; guttis capite interdum parcis flavescentibus; corpore vulgo guttis sparsis flavis et nigricante-
fuscis; fasciis corpore 6 transversis frequenter duplicatis spatiis intermediis
latioribus fuscis, fascia 1^a nucho-operculari, fascia 2^a dorso-axillari, fascia 3^a
dorso-ventrali, fasciis 4^a et 5^a dorso-analibus, fascia 6^a caudali; pinnis umbrino-aurantiacis vel aurantiacis, ventralibus et anali marginem inferiorem
versus vulgo late fuscis, imparibus guttulis nigricante-fuscis-, dorsali spinosa
vulgo in series 2 longitudinales-, dorsali radiosa vulgo in series 4 longitudi-
nales-, caudali vulgo in series vel 8 transversas-, anali vulgo irregulariter
dispositis.

B. 7. D. 11/15 vel 11/16. P. 2/15 ad 2/17. V. 1/5. A. 3/8 vel 3/9. C. 1/15/1
et lat. brev.

Syn. *Serranus sexfasciatus* K. V. H., CV., Poiss. II p. 269; Blkr, Verh. Bat.
Gen. XXII Perc. p. 38; Günth., Catal. Fish. I p. 108; (nec Day, Fish.
Malab. p. 2).

Krapo-bebeh Mal.; *Balong* Sund.

Hab. Sumatra (Benculen, Padang, Siboga); Singapura ; Java (Batavia) ; Celebes
(Macassar); in mari.

Longitudo 16 speciminum 135''' ad 275'''.

Rem. Le Serranus sexfasciatus Day des côtes de l'Hindoustan, doit être voisin
du sexfasciatus K. V. H., mais ne peut pas être de l'espèce actuelle. Dans la

description de M. Day il est dit qu'il y a environ 100 écailles sur une rangée longitudinale et que la ligne latérale est tracée sur la vingtième rangée d'écailles. La disposition des bandes n'est pas tout-à-fait la même que dans le vrai sexfasciatus et il n'est pas parlé du tout, dans la description de M. Day, des ocelles du corps et des nageoires mais au contraire d'une bandelette noire entre l'oeil et l'angle du préopercule. On pourrait nommer dorénavant l'espéce de M. Day Epinephelus Dayi. — Le Serranus sexfasciatus de Kuhl et Van Hasselt est nettement caractérisé par les fortes dents angulaires du préopercule, par les bandes transversales du corps et par les ocelles noirs et jaunes du corps et noirâtres sur les nageoires impaires. Son profil convexe, les lobules de la membrane dorsale et la formule des écailles aident à bien le déterminer. L'espéce ne paraît habiter que les mers archipélagiques.

Epinephelus summana Blkr.

Epineph. corpore oblongo compresso, altitudine $2\frac{4}{5}$ ad $2\frac{3}{4}$ in ejus longitudine absque-, $3\frac{1}{3}$ ad $3\frac{2}{3}$ in ejus longitudine cum pinna caudali; latitudine corporis 2 fere ad 2 et paulo in ejus altitudine; capite $2\frac{1}{2}$ ad 3 in longitudine corporis absque-, $3\frac{1}{3}$ ad $3\frac{3}{5}$ in longitudine corporis cum pinna caudali; altitudine capitis 1 et paulo ad $1\frac{1}{5}$-, latitudine capitis 2 circ. in ejus longitudine; oculis diametro 4 ad 5 in longitudine capitis, diametro $\frac{3}{5}$ ad $\frac{4}{5}$ distantibus; linea rostro-frontali rectiuscula; rostro et osse suborbitali squamosis; maxilla superiore sub oculi margine posteriore ad paulo post oculum desinente, postice squamulis deciduis vel nullis; dentibus caninis utraque maxilla utroque latere antice 2 vel 1 parvis intermaxillaribus inframaxillaribus vulgo paulo longioribus; praeoperculo obtusangulo, margine posteriore denticulis numerosis angularibus ceteris paulo majoribus; suboperculo interoperculoque edentulis vel denticulis tactu magis quam visu conspicuis; operculo spinis 3 spina media ceteris conspicue longiore inferiore superiore breviore; linea laterali mediocriter curvata apice curvaturae anterioris spinae dorsi 6^{ae} circ. opposito; squamis corpore ciliatis, angulum aperturae branchialis superiorem inter et basin pinnae caudalis supra lineam lateralem in series 85 ad 90 transversas, infra lineam lateralem in series 80 ad 85 transversas dispositis; squamis 60 ad 65 in serie transversali basin pinnae ventralis inter et pinnam dorsalem, 13 vel 14 lineam lateralem inter et spinam dorsi 6^{m}; squamis regione scapulo-postaxillari squamis mediis lateribus non majoribus; cauda parte li-

25

bera breviore quam postice alta ; pinna dorsali spinosa spinis mediocribus, spinis
aetate provectioribus 3ª, 4ª et 5ª ceteris longioribus 2¼ ad 2¾ in altitudine
corporis, spinis juvenilibus 9 posterioribus subaequalibus ; membrana inter
singulas spinas sat paofunde incisa non lobata ; dorsali radiosa dorsali spinosa altiore, radiis longissimis 2 circ. in altitudine corporis ; pectoralibus capitis parte postoculari longioribus ; ventralibus obtusiuscule vel acutiuscule
rotundatis capitis parte postoculari vix brevioribus, anali spina 2ª spina 3ª
longiore et fortiore oculo duplo fere ad duplo longiore, parte radiosa dorsali
radiosa non humiliore ; caudali rotundata capitis parte postoculari longiore ;
colore corpore pinnisque violaceo-fusco vel pulchre fusco ; iride rubra margine pupillari aurea ; capite, corpore pinnisque, ventralibus tantum vulgo exceptis, aetate provectioribus punctis numerosissimis coeruleis squamis multo
minoribus, dorso lateribusque singulis squamis puncto unico, capite punctis
minus confertis squamis multo parcioribus ; punctis coeruleis juvenilibus
corpore pinnisque parcioribus et squamis vulgo vix minoribus ad multo majoribus ; pinnis imparibus et pectoralibus aurantiaco marginatis.
B. 7. D. 11/15 vel 11/16. P. 2/15. V. 1/5. A. 3/8 vel 3/9. C. 1/15/1 et lat. brev.
Syn. *Perca summana* Forsk., Descr. anim. p. 42 Nº. 42ª ; L. Gm., Syst.
    ed. 13ª p. 151.
Bodianus summana Bl. Schn., Syst. posth. p. 334.
Pomacentrus summana Lac., Poiss. III p. 511.
Serranus polystigma Blkr, Diagn. n. vischs. Sumatra, Nat. T. Ned. Ind.
    IV p. 244; Günth., Cat. Fish. I p. 129.
Epinephelus polystigma Blkr, Enum. poiss. Amboine, Ned. T. Dierk. II
    p. 278; Atl. Ichth. Tab. 285, Perc. tab. 7 fig. 4.
Serranus summana Playf. Günth., Fish. Zanzib. p. 8 tab. 2 fig. 1 (nec
    CV., nec Rüpp., nec Lefébre, nec Günth. Catal. Fish., nec Klunz).
Hab. Sumatra (Benculen) ; Celebes (Amurang); Buton ; Buro (Kajeli) ; Am-
    boina ; in mari.
Longitudo 6 speciminum 128''' ad 505'''.

Rem. L'espèce autrefois décrite sous le nom de Serranus polystigma
est sans aucun doute celle figurée dans les »Fishes of Zanzibar'' sous
le nom de Serranus summana. Je crois maintenant avec MM. Playfair et
Günther que cette espèce soit en effet le premier summana de Forskaol,
bien que je ne vois, sur aucun de mes individus, la tache noire sur le dos

de la queue indiquée par Forskaol, tache que je ne trouve pas non plus
sur la figure citée. Le Serranus summana de la grande Histoire naturelle
des Poissons et du grand Catalogue de M. Günther est d'une espèce différente,
dont MM. Playfair et Günther ont publié une belle figure sous le nom de
Serranus tumilabris CV.

Le summana habite, hors l'Insulinde, les côtes des îles Andaman et de Candavu, la Mer rouge et les côtes de Zanzibar.

Epinephelus rhyncholepis Blkr, Atl. Ichth. Tab. 286, Perc. tab. 1 fig. 2.

Epineph. corpore oblongo compresso, altitudine 3 ad $3\frac{1}{2}$ in ejus longitudine absque-, 4 fere ad 4 in ejus longitudine cum pinna caudali; latitudine
corporis $1\frac{2}{3}$ ad 2 et paulo in ejus altitudine; capite $2\frac{3}{4}$ ad 3 fere in longitudine corporis absque-, $3\frac{1}{5}$ ad $3\frac{1}{2}$ in longitudine corporis cum pinna caudali;
altitudine capitis $1\frac{1}{4}$ ad $1\frac{1}{3}$, latitudine capitis 2 fere ad $2\frac{1}{5}$ in ejus longitudine; oculis diametro $3\frac{1}{2}$ ad 4 fere in longitudine capitis, diametro $\frac{2}{3}$ ad $\frac{4}{5}$
distantibus; linea rostro-frontali convexa; rostro et osse suborbitali squamo-
sis; maxilla superiore post oculum desinente postice alepidota; dentibus caninis utraque maxilla utroque latere 3 ad 4, intermaxillaribus inframaxillaribus
longioribus; praeoperculo obtusangulo, margine posteriore convexo denticulis
numerosis conspicuis, angulo dentibus aliquot majoribus subspinaeformibus;
suboperculo interoperculoque denticulis nullis; operculo spinis 3 media ceteris conspicue longiore, superiore inferiore breviore; linea laterali mediocriter
curvata, apice curvaturae anterioris spinae dorsi 4^{ae} vel 5^{ae} opposito; squamis
operculo, vertice dorsoque antice squamulatis; squamis corpore ciliatis, angulum aperturae branchialis superiorem inter et basin pinnae caudalis supra
lineam lateralem in series 85 ad 90 transversas, infra lineam lateralem in
series 85 circ. transversas dispositis; squamis 55 circ. in serie transversali
basin pinnae ventralis inter et pinnam dorsalem, 12 circ. lineam lateralem
inter et spinam dorsi 4^m vel 5^m; squamis regione postscapulo-axillari squamis mediis lateribus paulo majoribus; cauda parte libera altiore quam longa;
pinna dorsali spinosa spinis validis 3^a, 4^a, 5^a et 6^a ceteris longioribus 2 circ.
in altitudine corporis, membrana inter singulas spinas profunde incisa lobata;
dorsali radiosa dorsali spinosa nono vel vix altiore radiis longissimis 2 fere
ad 2 in altitudine corporis; pinnis pectoralibus capitis parte postoculari longioribus; ventralibus acutiuscule rotundatis capitis parte postoculari brevio-

25*

ribus; anali spina 2ᵃ spina 3ᵃ vix vel non longiore sed fortiore, oculo non multo longiore, parte radiosa dorsali radiosa non humiliore; caudali angulata margine posteriore leviter convexa angulis parum rotundata, capitis parte postoculari longiore; colore corpore pinnisque imparibus fusco, pinnis paribus aurantiaco-fusco; iride rubra margine pupillari aurea; vertice et trunco singulis squamis basi punctulo dilute coeruleo; basi pinnarum imparium coeruleo punctulata; dorsali spinosa membrana inter singulas spinas superne et lobulis flava.

B. 7. D. 11/17 vel 11/18. P. 2/15 vel 2/16. V. 1/5. A. 3/7 vel 3/8 vel 3/9. C. 1/15/1 et lat. brev.

Syn. *Serranus rhyncholepis* Blkr, Derde bijdr. ichth. Celebes, Nat. T. Ned. Ind. III p. 749; Günth., Catal. Fish. I p. 105.

Hab. Celebes (Macassar, Bulucomba); Timor (Atapupu), in mari.
Longitudo 2 speciminum 172‴ et 301‴.

Rem. L'Epinephelus rhyncholepis a de commun avec le summana un corps et des nageoires brunâtres pointillées de bleu. Les points bleus sont, tout comme dans le summana, nombreux sur le corps, occupant chacun la base d'une écaille, mais ils ne s'étendent pas aussi loin sur la tête et sur les nageoires. Les deux espèces sont encore voisines l'une de l'autre par l'écaillure, dont les formules ne diffèrent que fort peu. Cependant le rhyncholepis est une espèce bien positivement distincte du summana. Elles se distingue par son corps moins trapu, par son profil convexe, par les yeux qui sont plus grands, par le préopercule qui est plus anguleux et plus fortement dentelé, par les épines dorsales qui sont plus longues et plus fortes, par la caudale qui est moins arrondie, par deux rayons de plus à la dorsale, par les lobules libres de la membrane dorsale, etc. Presque toutes ces différences sont des plus saillantes si l'on compare des individus des deux espèces de même taille.

Le rhyncholepis paraît être fort rare, les deux individus de mon cabinet étant les seuls que j'en ai observés.

Epinephelus coeruleopunctatus Blkr.

Epineph. corpore oblongo compresso, altitudine 3 ad 3¼ in ejus longitudine absque-, 3⅝ ad 4 in ejus longitudine cum pinna caudali; latitudine corporis 2 circ. in ejus altitudine; capite 2¼ ad 2⅖ in longitudine corporis absque-,

3 ad 3¼ in longitudine corporis cum pinna caudali; altitudine capitis 1⅓ ad
1½ª, latitudine capitis 2 et paulo in ejus longitudine; oculis diametro 3¼ ad
4 et paulo in longitudine capitis, diametro ⅔ ad ¼ distantibus; linea rostro-
frontali rectiuscula vel convexiuscula; rostro et osse suborbitali squamosis;
maxilla superiore sub oculi limbo posteriore vel paulo post oculum desinente,
alepidota; dentibus caninis utraque maxilla utroque latere 2 vel 1 parvis inframaxillaribus vulgo rudimentariis vel nullis; praeoperculo rotundato vel obtusangulo margine posteriore denticulis numerosis conspicuis angularibus ceteris fortioribus; suboperculo interoperculoque denticulis conspicuis nullis; operculo
spinis 3 media ceteris conspicue longiore, inferiore superiore vulgo breviore;
linea laterali valde curvata, apice curvaturae anterioris spinae dorsi 6ªᵉ vel 7ªᵉ
opposito; squamis corpore ciliatis, angulum aperturae branchialis superiorem
inter et basin pinnae caudalis supra lineam lateralem in series 100 circ.
transversas, infra lineam lateralem in series 90 circ. transversas dispositis;
squamis 55 circ. in serie transversali basin pinnae ventralis inter et pinnam
dorsalem, 12 circ. lineam lateralem inter et spinam dorsi 6ᵐ vel 7ᵐ; squamis regione scapulo-postaxillari squamis mediis lateribus paulo majoribus;
cauda parte libera breviore quam postice alta; pinna dorsali spinosa spinis
mediocribus 3ª et 4ª ceteris longioribus 2 ad 2¼ in altitudine corporis,
membrana inter singulas spinas profunde incisa non lobata; dorsali radiosa
dorsali spinosa non ad paulo altiore radiis longissimis 2 circ. in altitudine
corporis; pinnis pectoralibus capitis parte postoculari longioribus; ventralibus
acutiuscule vel obtusiuscule rotundatis capitis parte postoculari vulgo paulo
brevioribus; anali spina 2ª spina 3ª longiore et fortiore oculo duplo fere
longiore, parte radiosa dorsali radiosa non humiliore; caudali rotundata capitis parte postoculari paulo longiore; corpore pinnisque violaceo-fuscis vel
nigricante-fuscis guttulis vel ocellis numerosis confertis margaritaceo-coeruleis
squamis conspicue majoribus et spatiis intermediis non ad non multo minoribus; iride rubra; pinnis dorsali radiosa, anali radiosa caudalique flavo vel aurantiaco marginatis; pectoralibus frequenter aurantiacis.
B. 7. D. 11/15 vel 11/16. P. 2/14. V. 1/5. A. 3/8 vel 3/9. C. 1/15/1 et lat. brev.
Syn. *Holocentrus coeruleopunctatus* Bl., Ausl. Fisch. IV p. 94 tab. 242 fig. 2;
        Bl. Schn., Syst. p. 315; Lac., Poiss. IV p. 384.
    Serranus alboguttatus CV., Poiss. II p. 274; Blkr, Derde bijdr. ichth.
        Amboina, Nat. T. Ned. Ind. IV p. 103; Günth., Catal. Fish. I p. 129.
    Serranus leucostigma Ehr., CV., Poiss. II p. 258.

Serranus coeruleopunctatus CV., Poiss. II p. 274; Peters, Bloch'sche Art.
Serran., Monatsb. Ak. W. Berl. 1865 p. 108.

Epinephelus alboguttotus Blkr, Trois. mém. ichth. Halmah., Ned. T. Dierk.
I p. 155; Atl. Ichth. Tab. 284, Perc. tab. 6 fig. 1.

Hab. Sumatra (Ulacan); Celebes (Macassar); Solor (Lawajong); Flores (Larantuca); Halmahera (Sindangole); Ternata; Buro (Kajeli); Ceram (Wahai);
Amboina; Haruco; Waigiu; Nova-Guinea (or. septentr.); in mari.

Longitudo 9 speciminum 60''' ad 135'''

Rem. Les doutes qui peuvent avoir existé par rapport à l'identité spécifique
du Holocentrus coeruleopunctatus Bl. et du Serranus alboguttatus CV. ont été
lévés par M. Peters, qui a pu examiner l'individu type de l'espèce de Bloch.
M. Peters a démontré aussi que le Serranus leucostigma Ehr. est de la même
espèce et non le jeune âge de l'Epinephelus summana. On reconnaît l'espèce
au premier aspect, par les ocelles ou gouttelettes bleues du corps et des
nageoires nettement dessinées sur un fond brun-violet ou violet-noirâtre, et à
ce que ces ocelles ou gouttelettes ne sont qu'un peu plus grandes ou un peu
plus petites que les insterstices de la couleur du fond et couvrant chacune de
trois à six écailles. Dans les jeunes du summana les points bleus ou nacrés
sont moins nombreux et en partie plus grands que dans les individus âgés
où ils sont en aussi grand nombre que les écailles dont ils occupent la base,
mais une confusion de ces jeunes avec le coeruleopunctatus n'est point possible, les points étant fort inégaux et beaucoup plus petits que les interstices
de la couleur du fond. En outre la physionomie des deux espèces est fort
différente, le summana ayant le corps plus trapu et la tête plus haute. La
différence est complétée, ici encore, par les formules différentes des écailles,
les rangées transversales tant au-dessus qu'au dessous de la ligne latérale
étant moins nombreuses dans la summana que dans l'espèce actuelle.

Le coeruleopunctatus n'est connu, hors l'Inde archipélagique, que de la
Mer rouge.

Epinephelus Hoevenii Blkr, Onz. notic. ichth. Ternate, Ned. T. Dierk.
I p. 232; Atl. Ichth. Tab. 282, 286, 290, Perc. Tab. 4 fig. 1, tab. 8
fig. 3, tab. 12 fig. 4.

Epineph. corpore oblongo compresso, altitudine 3 ad 3½ in ejus longitu-

dine absque-, $3\frac{3}{4}$ ad 4 et paulo in ejus longitudine cum pinna caudali; latitudine corporis $1\frac{3}{5}$ ad 2 in ejus altitudine; capite $2\frac{2}{5}$ ad 3 fere in longitudine corporis absque-, 3 ad $3\frac{1}{2}$ in longitudine corporis cum pinna caudali;
altitudine capitis $1\frac{2}{7}$ ad $1\frac{2}{3}$-, latitudine capitis 2 ad 2 et paulo in ejus longitudine; oculis diametro $3\frac{1}{2}$ ad $5\frac{1}{2}$ in longitudine capitis, diametro $\frac{2}{3}$ ad $\frac{3}{4}$
distantibus; linea rostro-frontali rectiuscula vel concaviuscula; rostro et osse
suborbitali squamosis; maxilla superiore sub oculi limbo posteriore vel paulo
post oculum desinente, postice aetate provectioribus squamulata; dentibus caninis utraque maxilla utroque latere 2 vel 1 parvis, inframaxillaribus juvenilibus rudimentariis; praeoperculo obtusangulo vel rotundato margine posteriore
denticulis numerosis angularibus junioribus praesertim ceteris majoribus; suboperculo interoperculoque edentulis vel denticulis vix conspicuis; operculo
spinis 3, spina media ceteris longiore spina inferiore spina superiore breviore
aetate provectis rudimentaria vix vel non conspicua; linea laterali mediocriter
curvata, apice curvaturae anterioris spinae dorsi 6^{ae} opposito; squamis corpore
ciliatis, angulum aperturae branchialis superiorem inter et basin pinnae caudalis supra lineam lateralem in series 90 ad 95 transversas, infra lineam
lateralem in series 80 ad 85 transversas dispositis; squamis 55 circ. in serie
transversali basin pinnae ventralis inter et pinnam dorsalem-, 13 vel 14 lineam lateralem inter et spinam dorsi 6^m vel 7^m; squamis regione scapulo-
postaxillari squamis mediis lateribus non vel vix majoribus; cauda parte libera breviore quam postice alta; pinna dorsali spinis validis 3^a et 4^a ceteris
paulo longioribus 2 ad 3 in altitudine corporis, membrana inter singulas spinas mediocriter vel sat profunde incisa non lobata; dorsali radiosa dorsali
spinosa altiore radiis longissimis $1\frac{1}{4}$ ad 2 et paulo in altitudine corporis;
pinnis pectoralibus capitis parte postoculari longioribus; ventralibus obtusiuscule
vel acutiuscule rotundatis capitis parte postoculari brevioribus; anali spina 2^a
spina 3^a non ad vix longiore oculo minus duplo longiore, parte radiosa dorsali
radiosa non humiliore; caudali rotundata capitis parte postoculari longiore;
coloribus; *aetate valde juvenilibus*: corpore pinnisque fuscis guttulis parcis
sparsis annulo nigricante cinctis (specim. long. 40''' ad 80'''); — *juventute
provectioribus:* corpore pinnisque dimidio basali fuscescente-aurantiacis pinnis
dimidio libero nigricante-violaceis; corpore ocellis majoribus vel maculis oblongis parcis sparsis margaritaceis singulis annulo nigro vel guttulis 2 ad 4 nigricantibus marginatis, pinnis guttulis margaritaceis parcis sed pectoralibus sat
confertis (specim. 95''' ad 110'''); — *adolescentibus* corpore pinnisque fuscescente-

umbrinis guttulis margaritaceis majoribus et minoribus annulo profundiore cinctis, capite corporeque sat numerosis, pinnis raris vel nullis (specim. 135‴ ad 210‴) ; *aetate provectioribus*; corpore pinnisque fuscescente-umbrinis pinnis dimidio libero profundioribus flavo marginatis; corpore superne vulgo plagis 4 ad 6 latis profunde fuscis fascias diffusas transversas similantibus et basin pinnae dorsalis intrantibus ; capite corporeque ocellis parvis confertis margaritaceo-griseis irregularibus spatiis intermediis vulgo majoribus ; pinnis ocellis nullis vel basi tantum aliquot diffusis (specim. 280‴ ad 350‴) ; *adultis ;* corpore plagis rotundis griseis et guttis fuscis sparsis variegato, dorso ad basin pinnae maculis aliquot magnis fuscis ; pinnis ocellis vix distinctis (specim. 430‴) ; *omni aetate*; iride flava vel rubra margine pupillari aurea ; cute maxillosuborbitali fusca vel nigricante.

B. 7. D. 11/16 vel 11/17. P. 2/14 ad 2/16. V. 1/5. A. 3/8 vel 3/9. C. 1/15/1 et lat. brev.

Syn. *Anthias argus* Bl., Ausl. Fisch. VI p. 111 tab. 317 ; Bl. Schn., Syst. p. 305 ??
    Serranus Hoevenii Blkr, Verh. Bat. Gen. XXII Perc. p. 36; Günth., Cat.
       Fish. I p. 138 ; Playf. Günth., Fish. Zanzibar, p. 9 tab. 2 fig. 3.
    Serranus Kunhardti Blkr, Nieuwe bijdr. Perc. Scleropar. etc., Nat. T.
       Ned. Ind. II p. 169.
    Krapo Mal.

Hab. Sumatra (Padang, Trussan, Ulacan, Priaman, Siboga, Benculen) ; Nias ;
    Java (Batavia, Karangbollong) ; Borneo ; Bawean ; Timor (Atapupu) ;
    Sangi ; Ternata ; Buro (Kajeli) ; Ceram (Wahai) ; Amboina ; Goram ;
    in mari.

Longitudo 27 speciminum 40‴ ad 430‴.

Rem. La figure sur laquelle Bloch établit son Anthias argus pourrait bien être une représentation grossie d'un jeune Epinephelus de l'espèce actuelle. Bloch n'avait pas vu l'individu qui a servi de modèle à la figure qu'il a publiée de cet Anthias et la description n'ayant rapport qu'à la figure en rend par conséquent les inexactitudes.

L'Epinephelus Hoevenii subit d'assez notables changements dans la coloration avec l'âge des individus. Les fort jeunes ressemblent beaucoup aux jeunes du summana, mais ils ont les ocelles nacrés plus grands, moins nombreux et nettement cerclés de brun ou de noirâtre. Dans quelques individus du jeune âge les ocelles du corps sont beaucoup plus grands et plus rares

que dans la plupart de la même taille et entouré de deux à quatre gouttelettes ou d'un anneau noirâtres. Les ocelles deviennent plus nombreux dans
l'adolescence et moins nettement cerclés, mais toujours ils sont de dimensions fort différentes. Dans l'âge plus avancé ces ocelles, relativement plus
petits moins inégaux et plus nombreux, deviennent plus pâles et sont moins
nettement dessinés et dans quelques individus même plus ou moins confluents ;
et souvent le corps montre alors de quatre jusqu'à six larges bandes transversales brunes ou noirâtres mais diffuses descendant jusqu'au-dessous du milieu
des côtés. Dans le plus grand de mes individus, de presqu'un demi-
mètre de long, le corps est bigarré de larges taches diffuses rondes et grises
et de gouttelettes ou petites taches rondes et brunes. L'espèce est fort
voisine de l'ongus, mais bien distincte, non seulement par les particularités
de la coloration et par une formule un peu différente de l'écaillure, mais
aussi par la tête qui est beaucoup moins haute et plus pointue, par la caudale qui est plus longue, etc. Les différences de la tête et de la caudale
sont fort saillantes en comparant des individus des deux espèces de 200'''
à 300''' de long. Le Serranus tumilabris CV. mérite d'être étudié de nouveau et comparé à l'espèce actuelle. Peut-être n'en est-il qu'une variété.

Le Hoevenii a été trouvé, hors l'Insulinde, dans les mers de Zanzibar et
de Candavu.

Epinephelus ongus Blkr.

Epineph. corpore oblongo compresso, altitudine 3 fere ad 3 et paulo in ejus
longitudine absque-, $3\frac{2}{5}$ ad $3\frac{4}{5}$ in ejus longitudine cum pinna caudali; latitudine corporis $1\frac{2}{3}$ ad $1\frac{4}{5}$ in ejus altitudine; capite $2\frac{2}{5}$ ad $2\frac{2}{3}$ in longitudine corporis absque-, $3\frac{1}{5}$ ad $3\frac{1}{3}$ in longitudine corporis cum pinna caudali; altitudine
capitis $1\frac{1}{3}$ ad $2\frac{2}{3}$-, latitudine capitis $1\frac{3}{4}$ ad 2 in ejus longitudine; oculis diametro $4\frac{1}{5}$ ad $4\frac{2}{3}$ in longitudine capitis, diametro $\frac{1}{2}$ ad $\frac{3}{4}$ distantibus; linea
rostro-frontali convexiuscula; rostro et osse suborbitali squamosis; maxilla su-
periore sub oculi margine posteriore vel vix post oculum desinente, postice
squamulosa; dentibus caninis utraque maxilla utroque latere 2 vel 1 parvis, intermaxillaribus inframaxillaribus longioribus; praeoperculo obtuse rotundato margine posteriore denticulis numerosis angularibus ceteris non vel vix majoribus;
suboperculo interoperculoque denticulis conspicuis nullis; operculo spinis 3, spina
media ceteris longiore, spina inferiore superiore vulgo breviore; linea laterali me-

26

diocriter curvata, apice curvaturae anterioris spinae dorsi 6° vel 7° opposito; squamis corpore ciliatis basi squamulatis, angulum aperturae branchialis superiorem inter et basin pinnae caudalis supra lineam lateralem in series 90 ad 95 transversas, infra lineam lateralem in series 85 ad 90 transversas dispositis; squamis 60 circ. in serie transversali basin pinnae ventralis inter et pinnam dorsalem-, 13 ad 15 lineam lateralem inter et spinam dorsi 6ᵐ vel 7ᵐ; squamis regione scapulo-postaxillari squamis mediis lateribus non conspicue majoribus; cauda parte libera breviore quam postice alta; pinna dorsali spinis mediocribus 4ᵃ et 5ᵃ ceteris longioribus 2⅕ ad 2½ in altitudine corporis, membrana inter singulas spinas mediocriter incisa non lobata; dorsali radiosa dorsali spinosa paulo altiore radiis longissimis 2 ad 2 et paulo in altitudine corporis; pinnis pectoralibus capitis parte postoculari sat multo longioribus; ventralibus acutiuscule rotundatis capitis parte postoculari brevioribus; anali spina 2ᵃ spina 3ᵃ fortiore et paulo ad non longiore oculo minus duplo longiore, parte radiosa dorsali radiosa non humiliore; caudali rotundata capitis parte postoculari non ad paulo longiore; colore corpore pinnisque imparibus fuscescente-umbrino vel fusco guttulis irregularibus vel ocellis vel vittulis brevibus confertis flavescente-margaritaceis vel griseis variegato-reticulatis, guttulis dorso lateribusque vulgo in series longitudinales undulatas oblique postrorsum adscendentes dispositis; membrana maxillo-suborbitali nigricante; pinnis pectoralibus et ventralibus aurantiacis vel violaceo-fuscescentibus, pectoralibus immaculatis, ventralibus interdum ocellis parvis dilutioribus; pinnis imparibus marginem liberum versus profunde fuscis flavo marginatis; iride rubra superne fuscescente, margine pupillari aurea.

B. 7. D. 11/15 vel 11/16. P. 2/13 vel 2/14. V. 1/5. A. 3/8 vel 3/9. C. 1/15/1 et lat. brev.

Syn. *Holocentrus ongus* Bl., Ausl. Fisch. IV p. 69, tab. 234; Bl. Schn., Syst. p. 314; Lac., Poiss. IV p. 380, 381.
Serranus reticulatus K. V. H., CV., Poiss. II p. 240.
Serranus reticularis Günth., Cat. Fish. I p. 150.
Serranus bataviensis Blkr, Verh. Bat. Gen. XXII Perc. p. 38; Günth., Catal. Fish. I p. 129.
Serranus ongus Peters, Blochsche Art. Serranus, Monatsber. Ak. Wiss. Berl. 1865 p. 102 (nec Steindachn.).
Epinephelus bataviensis Blkr, Enum. poiss. Amb. Ned. T. Dierk. II p. 277; Atl. Ichth. Tab. 282 Perc. tab. 4 fig. 2.

Krapo-bebeh, Kakap–bebeh Mal.

Hab. Sumatra (Siboga); Duizend-ins.; Java (Batavia, Bantam); Borneo meridion.; Celebes (Macassar, Manado); Amboina, in mari.

Longitudo 8 speciminum 255‴ et 340‴.

Rem. Depuis que M. Peters a publié les résultats de l'examen de l'individu type du Holocentrus ongus Bl. je crois avec cet auteur que le Serranus bataviensis n'en soit pas distinct. C'est une espèce dont la place naturelle est tout près de l'Epinephelus Hoevenii, mais elle a la tête plus haute, un rayon de moins à la dorsale, les écailles sur une rangée transversale un peu plus nombreuses, et les gouttelettes jaunâtres ou grisâtres du corps disposées d'une manière différente, la plupart étant contigues ou continues et formant des chainettes ou des bandelettes longitudinales ondulées montant obliquement en arrière. C'est par cette disposition des ocelles, qui se fait fort bien observer même sur des individus conservés pendant plus de vingt ans dans la liqueur, que l'ongus se fait reconnaître déjà du premier coup d'oeil. — La couleur noirâtre de la peau maxillo-sousorbitaire n'est point caractéristique; je la trouve dans le Hoevenii et dans plusieurs autres espèces.

L'ongus n'a pas été trouvé jusqu'ici hors l'Insulinde.

Le Serranus (Cernua) ongus Steind. = Serranus angustifrons Steind. de Cuba est d'une espèce fort différente à angle préoperculaire armé de fortes dents en partie courbées en avant et à formule D. 11/17. P. 19.

Le Serranus reticulatus K. V. H. au contraire me paraît devoir être rapporté à l'espèce actuelle. J'en possède un dessin, laissé par les auteurs, qui présente le même ensemble des formes, mais où les petits ocelles du corps sont rendus trop grands et trop irréguliers et ceux des nageoires trop rares et trop foncés.

Epinephelus dictiophorus Blkr, Atl. Ichth. Tab. 284, Perc. tab. 6 fig. 3.

Epineph. corpore oblongo compresso, altitudine 3 et paulo in ejus longitudine absque-, $3\frac{7}{8}$ circ. in ejus longitudine cum pinna caudali; latitudine corporis 2 fere in ejus altitudine; capite 3 fere in longitudine corporis absque-, $3\frac{1}{2}$ circ. in longitudine corporis cum pinna caudali; altitudine capitis $1\frac{4}{5}$ circ.-, latitudine capitis 2 circ. in ejus longitudine; oculis diametro $4\frac{1}{4}$ circ. in longitudine capitis, diametro $\frac{2}{3}$ circ. distantibus; linea rostro-frontali concaviuscula;

26*

rostro et osse suborbitali squamosis; maxilla superiore sub oculi parte posteriore desinente; dentibus caninis utraque maxilla utroque latere antice 2 vel 1
parvis intermaxillaribus inframaxillaribus majoribus; praeoperculo obtusangulo,
margine posteriore denticulis numerosis conspicuis angularibus aliquot ceteris
conspicue majoribus; suboperculo interoperculoque dentibus conspicuis nullis;
operculo spinis 3 media ceteris multo longiore superiore inferiore breviore; linea laterali valde curvata apice curvaturae anterioris spinae dorsi 7ae
opposito; squamis corpore ciliatis angulum aperturae branchialis superiorem
inter et basin pinnae caudalis supra lineam lateralem in series 100 circ. (98)
transversas, infra lineam lateralem in series 95 circ. transversas dispositis;
squamis 55 circ. in serie transversali basin pinnae ventralis inter et pinnam
dorsalem, 10 ad 12 lineam lateralem inter et spinam dorsi 7ᵐ; squamis regione
scapulo-postaxillari squamis mediis lateribus majoribus; cauda parte libera
paulo breviore quam postice alta; pinna dorsali spinosa spinis mediocribus
3ª et 4ª ceteris longioribus 2 et paulo in altitudine corporis, membrana inter
singulas spinas sat profunde incisa leviter lobata; dorsali radiosa dorsali spinosa non altiore radiis longissimis 2⅓ circ. in altitudine corporis; pectoralibus
capitis parte postoculari longioribus; ventralibus obtusiuscule rotundatis capitis
parte postoculari non longioribus; anali spinis 2ᵉ et 3ᵉ subaequalibus oculo
minus duplo longioribus, parte radiosa dorsali radiosa non humiliore; caudali
truncatiuscula leviter convexa capitis parte postoculari paulo longiore; colore
corpore aureo-rubro ventre dilutiore; iride rubra margine pupillari aurea; capite
corporeque, ventre excepto, ubique reti coeruleo e cellulis vulgo hexagonis
majoribus et minoribus composito ornatis; pinna dorsali fuscescente et aurantiaco nebulata, lobulis membranae flavis; dorsali radiosa rubra flavo marginata
reti coeruleo e cellulis hexagonis composita ornata marginem superiorem versus
maculis aliquot profunde fuscis in seriem longitudinalem dispositis; pectoralibus, anali et caudali aurantiaco-rubris aurantiaco marginatis basi maculis rubris confertis, medio et postice ocellis magnis fuscis sparsis vel irregulariter
tri- ad quadriseriatis; pinnis ventralibus fuscescente-aurantiacis ocellis sparsis fuscis.

B. 7. D. 11/17 vel 11/18. P. 2/15. V. 1/5. A. 3/8 vel 3/9. C. 1/15/1 et lat. brev.
Syn *Serranus diktiophorus* Blkr, Act. Soc. Scient. Ind. Neerl. I Beschr. vischs.,
    Manado p. 38.

Hab. Celebes (Manado), in mari.
Longitudo speciminis unici 346"'.

Rem. Cette belle espèce, dont je n'ai vu que le seul individu de mon cabinet, est fort bien caractérisée par son corps rouge orange entièrement couvert d'un réseau à cellules quadrangulaires et hexagonales d'un beau bleu, par les gouttes brunes éparses et peu nombreuses sur les nageoires molles, par la force de l'épine operculaire, par la forme presque tronquée de la caudale et par la formule des écailles. On ne pourrait la confondre qu'avec l'espèce que M. Day a figurée comme l'adulte de l'Epinephelus lanceolatus (Fish. Malab. tab. 1 fig. 2), mais dans celui-ci le réseau est noirâtre et ne s'étend pas sur la tête. A en juger d'après la figure les gouttelettes des nagoires y sont aussi plus petitea et plus nombreuses, les épines dorsales beaucoup plus courtes, etc.

Epinephelus nebulosus Blkr.

Epineph. corpore oblongo compresso, altitudine $2\frac{3}{4}$ ad 5 in ejus longitudine absque-, $3\frac{2}{5}$ ad 4 in ejus longitudine cum pinna caudali; latitudine corporis $1\frac{3}{4}$ ad 2 in ejus altitudine; capite $2\frac{3}{4}$ ad 3 in longitudine corporis absque-, $3\frac{2}{5}$ ad $3\frac{2}{3}$ in longitudine corporis cum pinna caudali; altitudine capitis 1 et paulo-, latitudine capitis $1\frac{4}{5}$ ad 2 in ejus longitudine; oculis diametro 4 ad 5 in longitudine capitis, diametro $\frac{1}{2}$ ad $\frac{2}{3}$ distantibus; linea rostro-frontali rectiuscula; rostro juvenilibus alepidoto aetate provectioribus squamato; osse suborbitali squamuloso; maxilla superiore, junioribus sub oculi margine posteriore, actate provectis post oculum desinente postice alepidota vel squamulosa; dentibus caninis utraque maxilla utroque latere antice 2 vel 1 parvis intermaxillaribus inframaxillaribus longioribus; praeoperculo obtuse rotundato margine posteriore denticulis numerosis sat conspicuis angularibus aliquot ceteris majoribus subspinaeformibus; suboperculo interoperculoque laevibus vel ex parte denticulatis; operculo spinis 3, media ceteris subaequalibus sat multo longiore; linea laterali mediocriter curvata apice curvaturae anterioris spinae dorsi 6^{ae} opposito; squamis corpore ciliatis, angulum aperturae branchialis superiorem inter et basin pinnae caudalis supra lineam lateralem in series 100 ad 105 transversas, infra lineam lateralem in series 85 circ. transversas dispositis; squamis 60 circ. in serie transversali basin pinnae ventralis inter et pinnam dorsalem, 14 ad 16 lineam lateralem inter et spinam dorsi 6^{m}; squamis regione scapulo-postaxillari squamis mediis lateribus paulo majoribus; cauda parte libera breviore quam postice alta; pinna dorsali spinosa spinis mediocribus, 1ª et 2ª ceteris brevioribus, sequentibus subaequalibus 2⅓ ad 3⅓ in altitudine corporis, membrana inter singulas spinas sat profunde incisa non lobata; dorsali radiosa dorsali spinosa altiore radiis longissimis 2 ad 2⅖ in altitudine corporis; pinnis pectoralibus capitis parte postoculari longioribus; ventralibus acutiuscule vel obtusiuscule rotundatis çapitis parte postoculari brevioribus; anali spina 2ª spina 3ª fortiore et vulgo longiore oculo sat multo sed minus duplo longiore, parte radiosa dorsali radiosa non humiliore; caudali rotundata capitis parte postoculari paulo ad non longiore; colore corpore pinnisque fuscescente vel fuscescente-umbrino vel aurantiaco-umbrino; iride umbrina vel sordide flavescente; capite, corpore pinnisque imparibus fusco profundiore nebulatis, nebulis vulgo continuis rete cellulis maximis efficientibus. B. 7. D. 11/16 vel 11/17 vel 11/18. P. 2/15 vel 2/16. V. 1/5. A. 3/8 vel 3/9. C. 1/15/1 et lat. brev.

Syn. *Serranus nebulosus* CV., Poiss. II p. 253; Blkr, Verh. Bat. Gen. XXII Perc. p. 34; Günth., Catal. Fish. I p. 148.

Serranus moara Schl., Faun. Jap., Poiss. p. 10 tab. 4 fig. 1; Blkr, Verh. Bat. Gen. XXV Nalez. ichth. Jap. p. 24; Günth., Cat. Fish. I p. 133; Kner, Zool. Reise Novara Fisch. p. 23.

Krapo Mal.; *Balong* Sundan.; *Ukon* Javan.

Hab. Sumatra (Telokbetong, Benculen, Padang); Singapura; Bangka (Muntok, Toboali); Java (Batavia, Bantam, Tjilatjap); in mari.

Longitudo 12 speciminum 130‴ ad 560‴.

Rem. Je possède maintenant un individu du Serranus moara Schl. du Japon, de 140‴ de long, qui ne diffère en rien des individus du nebulosus de la même taille de Java. L'espèce habite donc aussi les mers du Japon. Quant au Serranus nebulosus Rich. de Chine, M. Günther a constaté qu'il est de l'espèce de l'Epinephelus diacanthus (Serranus diacanthus CV.).

A Batavia l'espèce n'est pas rare. L'individu décrit par M. Kner dans la Zoologie du Novara sous le nom de Serranus moara T. Schl., provient de mon cabinet et fut cédé à M. Von Frauenfeld lors de son passage à Batavia. Il est bien positivement de l'espèce que j'ai décrite, il y a déjà près d'un quart de siècle, sous le nom de nebulosus. — Les nuages bruns du nebulosus sont constants et se voient aussi bien sur les adultes que sur les jeunes, mais dans ces derniers ils sont plus ou moins unis formant comme un gros réseau, dont les cellules, grandes et irrégulières, sont constituées par la couleur du fond.

Epinephelus fasciatus Blkr.

Epineph. corpore oblongo compresso, altitudine $2\frac{5}{6}$ ad 3 in ejus longitudine absque-, $3\frac{2}{5}$ ad $3\frac{3}{4}$ in ejus longitudine cum pinna caudali; latitudine corporis $1\frac{3}{5}$ ad 2 fere in ejus altitudine; capite $2\frac{1}{2}$ ad 3 fere in longitudine corporis absque-, 3 et paulo ad $3\frac{3}{5}$ in longitudine corporis cum pinna caudali; altitudine capitis $1\frac{1}{6}$ ad $1\frac{1}{4}$-, latitudine capitis 2 fere ad 2 in ejus longitudine; oculis diametro $3\frac{2}{3}$ ad $4\frac{2}{3}$ in longitudine capitis, diametro $\frac{1}{3}$ ad $\frac{3}{5}$ distantibus; linea rostro-frontali convexiuscula; rostro et osse suborbitali squamosis; maxilla superiore sub oculi margine posteriore vel paulo post oculum desinente alepidota vel postice superne leviter squamulosa; dentibus caninis utraque maxilla utroque latere 2 vel 1 parvis intermaxillaribus inframaxillaribus longioribus; praeoperculo obtuse rotundato margine posteriore denticulis numerosis bene conspicuis angularibus, junioribus praesertim, ceteris majoribus; suboperculo interoperculoque laevibus vel denticulis aliquot tantum tactu magis quam visu conspicuis; operculo spinis 3 media ceteris subaequalibus multo longiore; linea laterali mediocriter curvata apice curvaturae anterioris spinae dorsi 6ª circ. opposito; squamis corpore ciliatis, angulum aperturae branchialis superiorem inter et basin pinnae caudalis supra lineam lateralem in series 92 ad 98 transversas, infra lineam lateralem in series 84 ad 92 transversas dispositis; squamis 55 circ. in serie tranversali basin pinnae ventralis inter et dorsalem, 12 ad 14 lineam lateralem inter et spinam dorsi 6ᵐ; squamis regione scapulo-postaxillari squamis mediis lateribus vix majoribus; cauda parte libera paulo breviore quam postice alta; pinna dorsali spinosa spinis mediocribus, 4ª, 5ª et 6ª ceteris longioribus 2 ad $2\frac{1}{2}$ in altitudine corporis, membrana inter singulas spinas profunde incisa leviter lobata; dorsali radiosa dorsali spinosa vix altiore radiis longissimis 2 circ. in altitudine corporis; pectoralibus capitis parte postoculari longioribus; ventralibus acutiuscule vel obtusiuscule rotundatis capitis parte postoculari brevioribus; anali spina media spinis ceteris longiore et fortiore oculo conspicue longiore, parte radiosa dorsali radiosa non humiliore; caudali leviter convexa vel truncàtiuscula capitis parte postoculari vix longiore; colore corpore pinnisque aurantiaco vel roseo; rostro capiteque superne frequenter fuscis; iride rosea margine pupillari aurea vel flava margine orbitali superne et postice vulgo profunde fusca; regione oculo-operculari viridescente; fasciis corpore 6 transversis pallide fuscis spatiis intermediis latioribus subaequidistantibus, frequenter inconspicuis; dorsali spinosa apice mem-

branae inter singulas spinas macula triangulari nigra superne flavo marginata;
pinnis ceteris ex parte margaritaceo ex parte flavescente marginatis; maculis
capite corporeque nullis.

B. 7. D. 11/15 ad 11/18. P. 2/16. V. 1/5. 3/8 vel 3/9. G. 1/15/1 et lat. brev.

Syn. *Perca fasciata* Forsk., Descr. animal. p. 40 n°. 39; L. Gm., Syst. nat. ed.
13ᵃ p. 1316.

Epinephelus marginalis Bl., Ausl. Fisch. VII p. 14 tab. 328 fig. 1.

Epinephelus ruber Bl., Ibid. VII p. 22 tab. 331?

Holocentrus erythraeus Bl. Schn., Syst. p. 320.

Holocentrus oceanicus, marginatus, Forskalii et rosmarus Lac., Poiss.
IV p. 377, 384, 389, 392 tab. 7 fig. 2, 3.

Serranus marginalis CV., Poiss. II p. 223; Rich., Ichth. Chin. Rep.
15ʰ meet. Brit. assoc. p. 233; Blkr, Verh. Bat. Gen. XXII Perc. p. 34;
Pet., Fisch. Mossamb. Arch. Naturg. 1855 p. 235; Bloch'sche Art. Serranus, Monatsber. K. Akad. Wiss. 1865 p. 109; Günth., Cat. Fish. I
p. 135; Brev., Jap. Fish. tab. 3 fig. 2; Kner, Zool. Reise Novara p. 24.

Serranus oceanicus CV., Poiss. II p. 224; Pet., Fisch. Mossamb. Arch.
Natg. 1855 I p. 235; Günth., Cat. Fish. I p. 109.

Serranus fasciatus Klunz., Syn. Fisch. R. M. Verh. z. b. Ges. Wien XX p.681.

Krapo-mejrah Mal.

Hab. Sumatra (Padang); Java (Batavia); Celebes (Macassar, Buluconiba, Badjoa,
Tanawanko); Sangi; Sumbawa; Flores (Larantuca); Timor (Kupang);
Ternata; Batjan (Labuha); Amboina; in mari.

Longitudo 10 speciminum 150''' ad 292'''.

Rem. On pourrait confondre cette espèce avec l'Epinephelus tsirimenara du
Japon, qui en est fort voisin tant par les formes générales, que par le système
de coloration. Le tsirimenara cependant a constamment le corps orné de taches irrégulières rose pale peu nombreuses et disposées sur deux rangées
longitudinales au-dessus et au-dessous de la ligne latérale, taches qui se voient
encore fort bien sur les individus conservés une vingtaine d'années dans la
liqueur. — Comparant des individus des deux espèces d'une même taille on
voit en outre que, dans le tsirimenara, le corps est moins trapu et la tête
plus pointue. Je trouve encore une autre différence dans la formule des écailles, le tsirimenara ayant constamment les écailles plus nombreuses (115 à 120
rangées transversales au-dessus et 110 à 115 au-dessous de la ligne latérale).

Le fasciatus habite, hors l'Insulinde, la Mer rouge, les côtes de l'île Maurice, de l'Hindoustan, de Chine, du Japon, de l'île Darnley et des Louisiades.

A P P E N D I X.

MYRIODONTINI.

Percoidei corpore oblongo squamis magnis ctenoideis vestito; capite superne
ubique squamoso sed cristis denticulatis nullis; rictu magno; maxillis dentibus pluriseriatis parvis acutis, caninis nullis; dentibus vomerinis et palatinis;
naribus cirro magno lato; operculo spina vera armato; praeoperculo serrato;
osse suborbitali edentulo; osse supramaxillari alepidoto; pinnis laevibus, dorsali indivisa spinis 14 et radiis 10 vel 11, anali spinis 3 et radiis 4 ad 6,
pectoralibus obtusis rotundatis radiis fissis; ventralibus basi squamis elongatis
nullis; caudali integra radiis divisis 12. Ossa pharyngealia inferiora plane
coalita dentibus obtusis. B. 7.

MYRIODON Bris.

Characteres phalangis.

Rem. On ne connaît jusqu'ici qu'un seul genre et qu'une seule espèce du
groupe des Myriodontini, mais cette espèce est si remarquable par plusieurs
rapports qu'il semble nécessaire de la séparer des Epinephelini. Le caractère
le plus essentiel est bien celui des os pharyngiens inférieurs intimement sou-

27

dés ensemble et armés de dents obtuses ; mais l'espèce connue présente en
outre une physionomie fort différente de celle des Epinephelini et se rap-
prochant plus de celle des Scorpènes, ce qui lui a même valu le nom de
scorpaenoides proposé par Brisout de Barneville. Du reste le type est remarquable encore par les grandes écailles ; par les nombreuses épines dorsales ; par le nombre peu considérable des rayons divisés de la dorsale, de
l'anale et de la caudale ; par la force de la seconde épine anale, etc.

Myriodon waigiensis Günth., Catal. Fish. I p. 175 ; Atl. Ichth. Tab. 297, Perc. tab. 19 fig. 1.

Myriod. corpore oblongo compresso, altitudine $2\frac{1}{2}$ ad 3 fere in ejus longitudine absque–, $3\frac{1}{4}$ ad $3\frac{3}{4}$ in ejus longitudine cum pinna caudali ; latitudine
corporis $1\frac{3}{5}$ ad 2 fere in ejus altitudine ; capite $2\frac{1}{4}$ ad $2\frac{3}{4}$ in longitudine corporis absque–, 3 ad $3\frac{1}{4}$ in longitudine corporis cum pinna caudali ; altitudine
capitis $1\frac{1}{3}$ ad $1\frac{1}{4}$–, latitudine capitis 2 circ. in ejus longitudine ; linea rostro-
dorsali rostro et nucha convexa occipite concava ; oculis diametro 3 ad 3 et
paulo in longitudine capitis, diametro $\frac{1}{4}$ ad $\frac{2}{3}$ distantibus ; linea interoculari
convexa ; naribus patulis, anterioribus cirro lato libero pupilla vix breviore ;
rostro squamoso, absque maxilla oculi diametro duplo ad plus duplo breviore ;
osse suborbitali sub oculo pupillae diametro duplo vel plus duplo humiliore,
squamato ; maxillis subaequalibus superiore sub oculi dimidio posteriore desinente $2\frac{1}{4}$ ad 3 in longitudine capitis ; dentibus maxillis, vomerinis et palati-
tinis multiseriatis parvis aequalibus, vomerinis in vittam $\wedge$formem–, palatinis utroque latere in vittam gracilem dispositis ; praeoperculo rotundato
margine posteriore denticulis numerosis bene conspicuis, margine inferiore
spinis 3 deorsum et antrorsum spectantibus ; suboperculo interoperculoque
margine libero edentulis ; operculo spina conspicua unica valida sed gracili ;
squamis praeopercularibus in series 9 ad 12 transversas–, opercularibus in
series 7 vel 8 transversas dispositis ; linea laterali mediocriter curvata ; squamis
angulum aperturae branchialis superiorem inter et basin pinnae caudalis in
series 40 circ. transversas dispositis ; squamis 15 ad 17 in serie transversali basin pinnae ventralis inter et pinnam dorsalem, 4 vel 5 lineam lateralem inter et spinam dorsalem 4^m ; pinna dorsali parte spinosa parte radiosa
multo plus duplo ad triplo longiore, spinis validis 3^a, 4^a et 5^a spinis cete-

ris longioribus, spinis posticis spina 4ᵃ duplo vel plus duplo brevioribus, membrana inter spinas anteriores profunde-, inter spinas posteriores mediocriter incisa; dorsali radiosa spinis dorsi posterioribus multo altiore, 2 ad 2⅓ in altitudine corporis, obtusa, rotundata; pectoralibus obtuse rotundatis et ventralibus conspicue post basin pectoralis insertis obtusiuscule vel acutiuscule rotundatis capitis parte postoculari longioribus; spina ventrali oculo non multo longiore; anali spina media spinis ceteris multo longiore et fortiore capite non ad non multo breviore, parte radiosa dorsali radiosa duplo circiter breviore sed non humiliore, obtusa, rotundata; caudali integra convexa capitis parte postoculari longiore; corpore superne fuscescente vel umbrino, inferne dilutiore, maculis magnis irregularibus fuscis variegato et nebulato maculis interdum fascias 4 ad 6 transversas similantibus; iride rubescente vittulis numerosis transversis gracilibus fuscescentibus; pinnis aurantiacis vel flavis, dorsali maculis numerosis irregularibus fuscis, ceteris fasciis et vittis transversis fuscis.

B. 7. D. 14/10 vel 14/11. P. 2/11 vel 2/12. V. 1/5. A. 3/4 vel 3/5 vel 3̶/6. C. 1/12/1 et lat. brev.

Syn. *Scorpaena waigiensis* QG., Zool. Voy. Freycin. p. 324 tab. 58 fig. 1.
 Centropristes scorpaenoides CV., Poiss. III p. 36; Rich., Contrib. ichth. Austral., Ann. Mag. Nat. Hist. IX 1842 p. 120.
 Myriodon scorpaenoides Bris. Barnev., Revue Zool. 1847 p. 130; Blkr, Bijdr. ichth. Riouw, Nat. T. Ned. Ind. II p. 480.

Hab. Java (Batavia); Singapura; Bintang (Rio); Bangka; Bawean (Sankapura); Celebes (Macassar, Badjoa, Manado, Amboina; Timor; Waigiu; in mari.

Longitudo 12 speciminum 91‴ ad 151‴.

Rem. Tous mes individus ont 14 épines dorsales. Celui dont j'ai publié une figure, le plus grand de mon cabinet, ne montre que 13 épines mais je trouve le rudiment du 14ᵐ entre les 3ᵃ et 4ᵃ épines qui y sont plus distantes que dans mes autres individus. Sur la figure le dessinateur a négligé les épines du bord inférieur du préopercule, qui dans tous mes individus sont bien développées mais plus ou moins couvertes par la peau.

L'espèce paraît être aussi assez commune sur les côtes de la Nouvelle Hollande septentrionale.

DIPLOPRIONTINI.

Percoidei corpore elevato-oblongo, valde compresso, squamis parvis ctenoïdeis vestito; capite superne rugoso alepidoto, cristis denticulatis nullis; rictu magno; maxillis dentibus pluriseriatis parvis acutis, caninis nullis; dentibus vomerinis et palatinis, vomerinis in thurmas 2 approximatas dispositis; operculo spinis 2 validis; praeoperculo serrato; osse suborbitali rugoso inferne crenato; osse supramaxillari alepidoto; inguinibus squamis elongatis nullis; pinnis spinis laevibus; dorsali alepidota bipartita partem spinosam inter et radiosam usque ad basin incisa, parte spinosa spinis 8, parte radiosa spina nulla et radiis 14 ad 16; anali alepidota spinis 2 et radiis 12 ad 14; pectoralibus obtusis rotundatis, radiis fissis mediis ceteris longioribus; caudali convexa radiis divisis 15. Ossa pharyngealia inferiora non unita. B. 7.

Les Diplopriontini se distinguent des Epinephelini par la séparation des deux parties de la dorsale et des Grammisteini par l'écaillure fortement cténoïde. La physionomie de la seule espèce connue est aussi toute différente de celle des représentants des deux groupes nommés. Les rugosités de la tête, le double groupe des dents vomériennes et la présence de deux épines anales seulement, indiquent du reste que ce type doit être assez différent des groupes voisins.

DIPLOPRION. K V. H.

Characteres phalangis.

Diploprion bifasciatum K. V. H., CV., Poiss. II p. 101 tab. 21; Schl., Faun. Jap. Poiss. p. 2 tab. 2; Rich., Rep. ichth. Chin. in Rep. 15ᵃ meet. Brit. Assoc. p. 222; Blkr, N. bijdr. ichth. Timor, Nat. T. Ned. Ind. VI p. 208; Verh. Bat. Gen. XXVI. N. nalez. ichth. Japan p. 59.

Diplopr. corpore oblongo compresso, altitudine 2 circ. in ejus longitudine absque-, $2\frac{1}{4}$ ad $2\frac{3}{4}$ in ejus longitudine cum pinna caudali ; latitudine corporis $2\frac{2}{3}$ ad 3 in ejus altitudine ; capite 3 circ. in longitudine corporis absque-, $3\frac{3}{4}$ ad 4 in longitudine corporis cum pinna caudali, non ad paulo altiore quam longo ; latitudine capitis 2 circ. in ejus longitudine ; vertice rugoso ; oculis diametro $3\frac{3}{4}$ ad $4\frac{1}{4}$ in longitudine capitis, diametro $\frac{2}{3}$ ad 1 distantibus ; linea rostro-frontali rectiuscula vel ante oculos concava ; naribus subcontiguis, anterioribus valvula claudendis posterioribus vix minoribus ; osse suborbitali anteriore oculi diametro multo ad non humiliore ; maxilla superiore maxilla inferiore paulo breviore, sub oculi parte posteriore desinente, 2 circ. in longitudine capitis ; dentibus maxillis pluriseriatis, vomerinis utroque latere in thurmulam rotundiusculam vel oblongam-, palatinis utroque latere in vittulam brevem dispositis ; praeoperculo obtusangulo, postice et inferne denticulato dentibus margine inferiore ceteris majoribus ; operculo rugoso superne et antice tantum squamulato, spinis 3 media ceteris vulgo longiore ; suboperculo junioribus serrato adultis vulgo edentulo ; interoperculo omni aetate serrato ; linea laterali valde curvata apice curvaturae anterioris spinis dorsi posterioribus opposito ; squamis parvis, angulum aperturae branchialis superiorem inter et basin pinnae caudalis supra lineam lateralem in series 115 circ. transversas, infra lineam lateralem in series 100 ad 105 transversas dispositis ; squamis 60 circ. in serie transversali basin pinnae ventralis inter et pinnam dorsalem, 11 vel 12 lineam lateralem inter et spinas dorsi posteriores ; cauda parte libera aeque alta ac longa ad paulo longiore quam alta ; pinnis, basi caudalis excepta, alepidotis, dorsalibus basi vix unitis, dorsali spinosa spinis gracilibus 2^a, 3^a et 4^a ceteris longioribus 2 ad $2\frac{1}{3}$ in altitudine corporis, membrana inter singulas spinas non vel vix emarginata ; dorsali radiosa dorsali spinosa paulo breviore et non ad paulo altiore, obtusa, rotundata ; pectoralibus obtusis rotundatis capite absque rostro non ad paulo brevioribus ; ventralibus acutis capite paulo brevioribus ad paulo longioribus ; anali obtusa rotundata dorsali radiosa paulo breviore et humiliore, antice spinis 2 parvis posteriore anteriore longiore oculo breviore ; caudali obtusa convexa capite absque rostro paulo longiore ; colore corpore pulchre flavo ; iride nigra vel rubra, margine pupillari vulgo aurea ; fasciis corpore 2 transversis violaceo-nigris, anteriore nucho-oculo-postmaxillari oculo non vel vix latiore, posteriore latissima dorso-anali ; pinna dorsali spinosa tota fere violacea vel nigricante antice tantum flavescente ; pinnis ceteris pulchre flavis.

B. 7. D. 8—14 ad 8—16. P. 1/15 vel 1/16. V. 1/5. A. 2/12 vel 2/13 vel vel 2/14. C. 1/15/1 et lat. brev.

Syn. *Ikan ongoe bagoes* Valent., Amb. fig. 378?

    Ternatensche Baars Ruysch, Pisc. Amb. p. 19 tab. 10 fig. 10?

Hab. Batu, Singapura, Bintang (Rio); Java (Batavia); Celebes; Buru (Kajeli); Amboina; Timor; in mari.

Longitudo 7 speciminum 140‴ ad 234‴.

Rem. Mes individus proviennent en partie du Japon et en partie de l'Inde archipélagique. L'espèce habite aussi les côtes de Chine et de l'Hindoustan.

GRAMMISTEINI.

Percoidei corpore oblongo squamis parvis cycloideis epidermide quasi immersis in series longitudinales juxtapositas regulares dispositis vestito; capite superne cristis denticulatis nullis; rictu magno vel mediocri; maxillis dentibus pluriseriatis parvis acutis, caninis nullis; dentibus vomerinis et palatinis; operculo spinis armato; praeoperculo aculeato; osse suborbitali edentulo; osse supramaxillari squamis majoribus nullis; inguinibus squamis elongatis nullis; pinnis spinis laevibus, dorsali indivisa vel bipartita spinis 3 ad 10 et radiis 10 ad 16, anali spinis 3 ad nullis et radiis 8 ad 17, pectoralibus obtusis rotundatis radiis fissis, caudali integra. Ossa pharyngealia inferiora non unita. B. 7.

Rem. Le groupe des Grammisteini se compose des genres Grammistes Art., Rhypticus Cuv. et Smecticus Val. et Promicropterus Gill. Voisin des Epinephelini il se distingue cependant éminemment par les petites écailles cycloïdes comme submergées dans l'épiderme et disposées en séries longitudinales régulières et juxtaposées et puis aussi, soit par la division presque complète des deux parties de la dorsale soit par le peu de développement de la dorsale épineuse.

· L'Insulinde ne paraît nourrir de ce groupe que deux espèces du genre Grammistes.

GRAMMISTES Art. = Pogonoperca Günth.

Corpus oblongum sat elevatum. Caput superne, rostro maxillisque alepido-tum. Praeoperculum postice spinis 3 ad 5, inferne edentulum. Operculum spinis 3. Pinnae, dorsalis et analis basi squamatae; dorsalis incisura profunda bipartita vel subbipartita parte spinosa bene evoluta spinis 7 vel 8, parte ra-diosa radiis 12 ad 16; analis spinis 3 interdum rudimentariis et radiis 8 vel 9. Caudalis radiis divisis 15. Maxilla inferior antice lobo carnoso plus mi-nusve evoluto.

Les deux espèces insulindiennes se font distinguer aisément par les carac-tères exposés ci-dessous.

I. Sept épines dorsales.

A. Environ 100 écailles dans la ligne latérale. Hauteur du corps moins de 3 fois dans sa longueur. Lobe mentonnier et épines anales bien développées. Tete et corps couverts de petits ocelles nacrés. Dos à larges taches noirâtres dont l'une occupe une grande partie de la dorsale épineuse.

1. *Grammistes punctatus* CV.

B. Environ 80 écailles dans la ligne latérale. Hauteur du corps 3 à 3½ fois dans sa longueur. Lobe mentonnier presque nulle. Epines anales rudimentaires cachées sous la peau. Corps noirâtre à bandelettes longitudinales blanches.

2. *Grammistes orientalis* Bl. Schn.

Grammistes punctatus CV., Poiss. VI p. 379; Blkr, Act. Soc. Scient. Ind. Neerl. II Achtste bijdr. vischf. Amboin. p. 31; Notic. Gramm. punctatus et ocellatus Ned. Tijdschr. Dierk. IV. p. 108; Günth., Catal. I p. 171.

Grammist. corpore oblongo compresso, altitudine 2⅔ ad 2¾ in ejus longitu-

dine, latitudine 2 et paulo in ejus altitudine ; capite 3½ circ. in longitudine
corporis ; altitudine capitis 1⅔ circ.-, latitudine capitis 2 circ. in ejus longitudine ; oculis diametro 4¼ circ. in longitudine capitis, multo minus diametro 1 distantibus; linea rostro-dorsali rostrum et nucham inter concaviuscula ; naribus posterioribus rotundis patulis, anterioribus margine postice praesertim valde elevato brevitubulatis ; maxilla superiore maxilla inferiore breviore, sub oculi limbo posteriore desinente, 2 et paulo in longitudine capitis; cirro inframaxillari latissimo oculo paulo breviore lobato
lobis rotundatis ; rictu valde obliquo ; dentibus pluriseriatis parvis, vomerinis
et palatinis dentibus maxillis minoribus, vomerinis in vittam $\wedge$ formem-,
palatinis utroque latere in vittam gracilem dispositis ; praeoperculo rotundato margine posteriore medio dentibus 3 ad 5 planis spinaeformibus ; operculo spinis 3 media ceteris subaequalibus longiore ; squamis angulum aperturae branchialis superiorem inter et basin pinnae caudalis, supra lineam lateralem in series 100 circ. transversas, infra lineam lateralem in series 95
circ. transversas dispositis ; squamis 63 circ. in serie transversali basin pinnae ventralis inter et pinnam dorsalem, 15 circ. lineam lateralem inter et
spinam dorsalem 4ᵐ; linea laterali valde curvata apice curvaturae anterioris
spinae dorsi 4ᵃ opposito; cauda parte libera sat multo altiore quam longa
pinna dorsali partem spinosam inter et radiosam usque ad basin divisa; dorsali spinosa spinis validis 2ᵃ et 3ᵃ ceteris longioribus corpore plus triplo humilioribus membrana inter singulas spinas vix emarginata ; dorsali radiosa
obtusa rotundata basi squamosa dorsali spinosa altiore ; pectoralibus, ventralibus caudalique obtusis rotundatis capitis parte postoculari non ad paulo longioribus ; anali obtusa rotundata, basi squamosa, dorsali radiosa non humiliore, spinis 3 osseis validis pungentibus media ceteris multo longiore oculo
breviore ; corpore fuscescente-aurantiaco, ubique ocellis parvis vel guttulis coe-
rulescente-margaritaceis annulo profundiore cinctis ornato, ocellis lateribus corporeque inferne ocellis cephalicis dorsalibusque majoribus et parcioribus ; corpore insuper maculis magnis lateribus fuscis nebulaeformibus irregulariter
dispositis ceteris nigricantibus fascias 5 latas transversas lineam dorsalem at-
tingentes efficientibus, fascia 1ᵃ oculari, 2ᵃ nucho-operculari, 3ᵃ triangulari
sub media pinna dorsali spinosa lineam lateralem non vel vix superante, 4ᵃ
triangulari sub parte anteriore dorsalis radiosae lineam lateralem non attin-
gente, 5ᵃ caudali dorsum caudae amplectente ; iride fusca vel rubra margaritaceo punctata, margine pupillari aurea ; macula praeanali nigra ; pinnis mem-

brana aurantiacis radiis violascentibus; dorsali spinosa medio tota nigricante-
fusca; pinnis ceteris basi vel dimidio basali ocellis margaritaceo-coeruleis annulo profundiore cinctis.

B. 7. D. 7/12 vel 7/13. P. 1/17. V. 1/5. A. 3/8 vel 3/9. C. 1/15/1 et lat brev.

Hab. Amboina, in mari.

Longitudo speciminis descripti 198‴.

Rem. Cette espèce est voisine du Grammistes ocellatus Blkr, mais ce dernier a le corps plus allongé, la tête plus petite, tout le corps couvert d'ocelles cerclés de violet ou de bleu, les nageoires molles entièrement couvertes
d'ocelles nacrés ou jaunâtres, chaque écaille entre les ocelles du corps marquée d'un point nacré, une épine de plus à la dorsale, etc.

Grammistes orientalis Bl. Schn., Syst. p. 189; CV., Poiss. II p. 151
  tab. 27; Guér., Iconogr. Règn. an. Poiss. tab. 1 fig. 2; Blkr, Derde
  bijdr. ichth. Amboina, Nat. T. Ned. Ind. IV p. 105; Günth., Cat. Fish.
  I p. 171; Klunzing., Syn. Fisch. R. M. Verh. z. b. Ges. Wien XX p. 707.

Gramm. corpore oblongo compresso, altitudine 3 ad 3½ in ejus longitudine,
latitudine 2 circ. in ejus altitudine; capite 3¼ ad 3⅔ in longitudine corporis; altitudine capitis 1 ad 1 et paulo-, latitudine capitis 1¾ ad 2 in ejus
longitudine; oculis diametro 4½ ad 5 in longitudine capitis, diametro ⅔ ad 1
distantibus; linea rostro-dorsali capite declivi rectiuscula; naribus posterioribus rótundis patulis, anterioribus margine postice praesertim valde elevato
brevitubulatis; maxilla superiore maxilla inferiore breviore, sub oculi margine posteriore vel paulo post oculum desinente, 2 circ. in longitudine capitis; labio inferiore symphysi duplicatura sublobato, lobulo simplice indiviso;
rictu valde obliquo; dentibus pluriseriatis parvis, vomerinis et palatinis dentibus maxillis vix minoribus, vomerinis in vittam ∧ formem-, palatinis utroque
latere in vittam gracilem dispositis; praeoperculo rotundato margine posteriore
dentibus spinaeformibus 3; operculo spinis 3 valde conspicuis media ceteris
inaequalibus longiore; squamis angulum aperturae branchialis superiorem inter
et basin pinnae caudalis, supra lineam lateralem in series 80 circ. transversas,
infra lineam lateralem in series 75 circ. transversas dispositis; squamis 55
circ. in serie transversali basin pinnae ventralis inter et pinnam dorsalem,

28

11 vel 12 lineam lateralem inter et spinam dorsi 3^m vel 4^m; linea laterali valde curvata apice curvaturae anterioris spinae dorsi 3^{ae} vel 4^{ae} opposito; cauda parte libera altiore quam longa; pinna dorsali spinosa non cum dorsali radiosa unita, spinis mediocribus debilibus 2^a et 3^a ceteris longioribus corpore plus triplo humilioribus, membrana inter singulas spinas vix emarginata; dorsali radiosa obtusa rotundata dorsali spinosa multo altiore; pectoralibus et caudali obtuse rotundatis capitis parte postoculari paulo ad non longioribus; ventralibus acutis capitis parte postoculari brevioribus; anali spinis sub cute occultis media tantum ossea pungente, parte radiosa obtuse rotundata dorsali radiosa non humiliore; colore corpore fusco vel violascente-nigro; iride viridi margine pupillari aurea; vitta margaritacea linea mediana rostri apicem inter et spinam dorsi 1^m; vittis capite corporeque longitudinalibus margaritaceis utroque latere, valde juvenilibus 3 vel 4 tantum, aetate provectis 8 ad 14 ex parte interruptis et basin pinnae caudalis intrantibus; capite aetate provectioribus insuper vittulis aliquot margaritaceis transversis; pinnis, dorsali spinosa fusca vel nigra, ceteris fuscis vel aurantiacis, imparibus basi profundioribus.

B. 7. D. 7—13 ad 7—16. P. 2/15 vel 2/16. V. 1/5. A. 3/8 vel 3/9. C. 1/15/1 et lat. brev.

Syn. *Grammistes* Art. in Seba, Thesaur. III p. 75 tab. 27 fig. 5.

    Perca bilineata Thunb., Nov. Act. Holm. XIII p. 142 tab. 5.

    Aspro niger lineis albis longitudinalibus pictus Commers. ap. Lac., Poiss. IV p. 323.

    Bodianus sexlineatus Lac., Poiss. IV p. 285, 502.

    Sciaena vittata, Lac., Poiss. IV p. 310, 323.

    Perca triacantha et *pentacantha* Lac., Poiss. IV p. 358.

    Centropomus sexlineatus Lac., Poiss. V p. 688, 689.

Hab. Sumatra (Benculen, Cauer, Trussan, Priaman); Batu; Java (Karangbollong); Celebes (Manado, Tanawanko); Sangi; Halmahera (Sindangole); Ternata; Batjan (Labuha); Flores (Larantuca); Buro (Kajeli); Ceram (Wahai); Amboina; Goram; Aru; Nova-Guinea (or. sept. occ.); Ins. Philippin.; in mari.

Longitudo 32 speciminum 65‴ ad 190‴.

Rem. Les bandelettes longitudinales blanches, au nombre de 3 ou 4 seulement dans les individus du jeune âge, deviennent plus nombreuses et en partie plus ou moins interrompues dans l'adolescence et dans les adultes. L'espèce est fort commune dans l'Inde archipélagique, et habite aussi la Mer rouge, et les côtes de l'île Maurice, des îles Andaman et de la Nouvelle Hollande.

La Haye, Août 1872.

28 *

INDEX SPECIERUM DESCRIPTARUM.

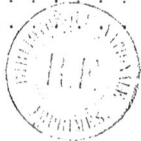

www.ingramcontent.com/pod-product-compliance
Lightning Source LLC
Chambersburg PA
CBHW062012200326
41519CB00017B/4777